智能制造系列教材

智能制造实践

INTELLIGENT MANUFACTURING PRACTICE

杨建新　李双寿　编著

清华大学出版社

北京

图书在版编目（CIP）数据

智能制造实践 / 杨建新，李双寿编著. -- 北京：清华大学出版社，2025. 3.
（智能制造系列教材）. -- ISBN 978-7-302-67665-2

Ⅰ. TH166

中国国家版本馆 CIP 数据核字第 2024Y9V585 号

责任编辑：刘　杨
封面设计：李召霞
责任校对：赵丽敏
责任印制：刘海龙

出版发行：清华大学出版社
　　网　　　址：https://www.tup.com.cn，https://www.wqxuetang.com
　　地　　　址：北京清华大学学研大厦 A 座　　邮　　编：100084
　　社 总 机：010-83470000　　　　　　　　邮　　购：010-62786544
　　投稿与读者服务：010-62776969，c-service@tup.tsinghua.edu.cn
　　质量反馈：010-62772015，zhiliang@tup.tsinghua.edu.cn
印 装 者：三河市春园印刷有限公司
经　　销：全国新华书店
开　　本：185mm×260mm　　印　张：11.5　　　　字　　数：277 千字
版　　次：2025 年 3 月第 1 版　　　　　　　　印　　次：2025 年 3 月第 1 次印刷
定　　价：36.00 元

产品编号：107132-01

智能制造系列教材编审委员会

多年前人们就感叹,人类已进入互联网时代;近些年人们又惊叹,社会步入物联网时代。牛津大学教授舍恩伯格(Schönberger)心目中大数据时代最大的转变,就是放弃对因果关系的渴求,转而关注相关关系。人工智能则像一个幽灵徘徊在各个领域,兴奋、疑惑、不安等情绪分别蔓延在不同的业界人士中间。今天,5G的出现使得作为整个社会神经系统的互联网和物联网更加敏捷,使得宛如社会血液的数据更富有生命力,自然也使得人工智能未来能在某些局部领域扮演超级脑力的作用。于是,人们惊呼数字经济的来临,憧憬智慧城市、智慧社会的到来,人们还想象着虚拟世界与现实世界、数字世界与物理世界的融合。这真是一个令人咋舌的时代!

但如果真以为未来经济就"数字"了,以为传统工业就"夕阳"了,那可以说我们就真正迷失在"数字"里了。人类的生命及其社会活动更多地依赖物质需求,除非未来人类生命形态真的变成"数字生命"了,不用说维系生命的食物之类的物质,就连"互联""数据""智能"等这些满足人类高级需求的功能也得依赖物理装备。所以,人类最基本的活动便是把物质变成有用的东西——制造!无论是互联网、物联网、大数据、人工智能,还是数字经济、数字社会,都应该落脚在制造上,而且制造是其应用的最大领域。

前些年,我国把智能制造作为制造强国战略的主攻方向,即便从世界上看,也是有先见之明的。在强国战略的推动下,少数推行智能制造的企业取得了明显效益,更多企业对智能制造的需求日盛。在这样的背景下,很多学校成立了智能制造等新专业(其中有教育部的推动作用)。尽管一窝蜂地开办智能制造专业未必是一个好现象,但智能制造的相关教材对高等院校与制造关联的专业(如机械、材料、能源动力、工业工程、计算机、控制、管理……)都是刚性需求,只是侧重点不一。

教育部高等学校机械类专业教学指导委员会(以下简称"机械教指委")不失时机地发起编著这套智能制造系列教材。在机械教指委的推动和清华大学出版社的组织下,系列教材编委会认真思考,在2020年新型冠状病毒感染疫情正盛之时进行视频讨论,其后教材的编写和出版工作有序进行。

编写本系列教材的目的是为智能制造专业以及与制造相关的专业提供有关智能制造的学习教材,当然教材也可以作为企业相关的工程师和管理人员学习和培训之用。系列教材包括主干教材和模块单元教材,可满足智能制造相关专业的基础课和专业课的需求。

主干教材,即《智能制造概论》《智能制造装备基础》《工业互联网基础》《数据技术基础》《制造智能技术基础》,可以使学生或工程师对智能制造有基本的认识。其中,《智能制造概论》教材给读者一个智能制造的概貌,不仅概述智能制造系统的构成,而且还详细介绍智能制造的理念、意识和思维,有利于读者领悟智能制造的真谛。其他几本教材分别论及智能制造系统的"躯干""神经""血液""大脑"。对于智能制造专业的学生而言,应该尽可能必修主干课程。如此配置的主干课程教材应该是本系列教材的特点之一。

本系列教材的特点之二是配合"微课程"设计了模块单元教材。智能制造的知识体系极为庞杂,几乎所有的数字-智能技术和制造领域的新技术都和智能制造有关,不仅涉及人工智能、大数据、物联网、5G、VR/AR、机器人、增材制造(3D 打印)等热门技术,而且像区块链、边缘计算、知识工程、数字孪生等前沿技术都有相应的模块单元介绍。本系列教材中的模块单元差不多成了智能制造的知识百科。学校可以基于模块单元教材开出微课程(1 学分),供学生选修。

本系列教材的特点之三是模块单元教材可以根据各所学校或专业的需要拼合成不同的课程教材,列举如下。

♯课程例 1——"智能产品开发"(3 学分),内容选自模块:

➤ 优化设计

➤ 智能工艺设计

➤ 绿色设计

➤ 可重用设计

➤ 多领域物理建模

➤ 知识工程

➤ 群体智能

➤ 工业互联网平台

♯课程例 2——"服务制造"(3 学分),内容选自模块:

➤ 传感与测量技术

➤ 工业物联网

➤ 移动通信

➤ 大数据基础

➤ 工业互联网平台

➤ 智能运维与健康管理

♯课程例 3——"智能车间与工厂"(3 学分),内容选自模块:

➤ 智能工艺设计

➤ 智能装配工艺

➤ 传感与测量技术

➤ 智能数控

➤ 工业机器人

➤ 协作机器人

➤ 智能调度

➤ 制造执行系统(MES)

➤ 制造质量控制

总之,模块单元教材可以组成诸多可能的课程教材,还有如"机器人及智能制造应用""大批量定制生产"等。

　　此外,编委会还强调应突出知识的节点及其关联,这也是此系列教材的特点。关联不仅体现在某一课程的知识节点之间,也表现在不同课程的知识节点之间。这对于读者掌握知识要点且从整体联系上把握智能制造无疑是非常重要的。

　　本系列教材的编著者多为中青年教授,教材内容体现了他们对前沿技术的敏感和在一线的研发实践的经验。无论在与部分作者交流讨论的过程中,还是通过对部分文稿的浏览,笔者都感受到他们较好的理论功底和工程能力。感谢他们对这套系列教材的贡献。

　　衷心感谢机械教指委和清华大学出版社对此系列教材编写工作的组织和指导。感谢庄红权先生和张秋玲女士,他们卓越的组织能力、在教材出版方面的经验、对智能制造的敏锐性是这套系列教材得以顺利出版的最重要因素。

　　希望本系列教材在推进智能制造的过程中能够发挥"系列"的作用!

2021 年 1 月

制造业是立国之本,是打造国家竞争能力和竞争优势的主要支撑,历来受到各国政府的高度重视。而新一代人工智能与先进制造深度融合形成的智能制造技术,正在成为新一轮工业革命的核心驱动力。为抢占国际竞争的制高点,在全球产业链和价值链中占据有利位置,世界各国纷纷将智能制造的发展上升为国家战略,全球新一轮工业升级和竞争就此拉开序幕。

近年来,美国、德国、日本等制造强国纷纷提出新的国家制造业发展计划。无论是美国的"工业互联网"、德国的"工业4.0",还是日本的"智能制造系统",都是根据各自国情为本国工业制定的系统性规划。作为世界制造大国,我国也把智能制造作为推进制造强国战略的主攻方向,并于2015年发布了《中国制造2025》。《中国制造2025》是我国全面推进建设制造强国的引领性文件,也是我国实施制造强国战略的第一个十年的行动纲领。推进建设制造强国,加快发展先进制造业,促进产业迈向全球价值链中高端,培育若干世界级先进制造业集群,已经成为全国上下的广泛共识。可以预见,随着智能制造在全球范围内的孕育兴起,全球产业分工格局将受到新的洗礼和重塑,中国制造业也将迎来千载难逢的历史性机遇。

无论是开拓智能制造领域的科技创新,还是推动智能制造产业的持续发展,都需要高素质人才作为保障,创新人才是支撑智能制造技术发展的第一资源。高等工程教育如何在这场技术变革乃至工业革命中履行新的使命和担当,为我国制造企业转型升级培养一大批高素质专门人才,是摆在我们面前的一项重大任务和课题。我们高兴地看到,我国智能制造工程人才培养日益受到高度重视,各高校都纷纷把智能制造工程教育作为制造工程乃至机械工程教育创新发展的突破口,全面更新教育教学观念,深化知识体系和教学内容改革,推动教学方法创新,我国智能制造工程教育正在步入一个新的发展时期。

当今世界正处于以数字化、网络化、智能化为主要特征的第四次工业革命的起点,正面临百年未有之大变局。工程教育需要适应科技、产业和社会快速发展的步伐,需要有新的思维、理解和变革。新一代智能技术的发展和全球产业分工合作的新变化,必将影响几乎所有学科领域的研究工作、技术解决方案和模式创新。人工智能与学科专业的深度融合、跨学科网络以及合作模式的扁平化,甚至可能会消除某些工程领域学科专业的划分。科学、技术、经济和社会文化的深度交融,使人们可以充分使用便捷的软件、工具、设备和系统,彻底改变或颠覆设计、制造、销售、服务和消费方式。因此,工程教育特别是机械工程教育应当更加具有前瞻性、创新性、开放性和多样性,应当更加注重与世界、社会和产业的联系,为服务我国新的"两步走"宏伟愿景做出更大贡献,为实现联合国可持续发展目标发挥关键性引领作用。

　　需要指出的是,关于智能制造工程人才培养模式和知识体系,社会和学界存在多种看法,许多高校都在进行积极探索,最终的共识将会在改革实践中逐步形成。我们认为,智能制造的主体是制造,赋能是靠智能,要借助数字化、网络化和智能化的力量,通过制造这一载体把物质转化成具有特定形态的产品(或服务),关键在于智能技术与制造技术的深度融合。正如李培根院士在丛书序1中所强调的,对于智能制造而言,"无论是互联网、物联网、大数据、人工智能,还是数字经济、数字社会,都应该落脚在制造上"。

　　经过前期大量的准备工作,经李培根院士倡议,教育部高等学校机械类专业教学指导委员会(以下简称"机械教指委")课程建设与师资培训工作组联合清华大学出版社,策划和组织了这套面向智能制造工程教育及其他相关领域人才培养的本科教材。由李培根院士和雒建斌院士、部分机械教指委委员及主干教材主编,组成了智能制造系列教材编审委员会,协同推进系列教材的编写。

　　考虑到智能制造技术的特点、学科专业特色以及不同类别高校的培养需求,本套教材开创性地构建了一个"柔性"培养框架:在顶层架构上,采用"主干教材＋模块单元教材"的方式,既强调了智能制造工程人才必须掌握的核心内容(以主干教材的形式呈现),又给不同高校最大程度的灵活选用空间(不同模块教材可以组合);在内容安排上,注重培养学生有关智能制造的理念、能力和思维方式,不局限于技术细节的讲述和理论知识的推导;在出版形式上,采用"纸质内容＋数字内容"的方式,"数字内容"通过纸质图书中列出的二维码予以链接,扩充和强化纸质图书中的内容,给读者提供更多的知识和选择。同时,在机械教指委课程建设与师资培训工作组的指导下,本系列书编审委员会具体实施了新工科研究与实践项目,梳理了智能制造方向的知识体系和课程设计,作为规划设计整套系列教材的基础。

　　本系列教材凝聚了李培根院士、雒建斌院士以及所有作者的心血和智慧,是我国智能制造工程本科教育知识体系的一次系统梳理和全面总结,我谨代表机械教指委向他们致以崇高的敬意!

赵维

2021 年 3 月

前言

PREFACE

随着科学技术与社会经济的发展,数字化、网络化大大减轻了人的脑力活动的强度。一方面,企业的自动化程度越来越高,生产线与生产设备内部的信息流量迅速增加;另一方面,来自用户的个性化需求日趋增长,产品包含的设计信息量与工业信息量激增。这些因素导致制造过程与管理工作的信息量剧增,因此必须不断提升制造系统对大规模信息的高效采集、分析与处理能力,这不仅需要数字化、网络化技术,还需要智能化技术。这些智能化技术被深度应用于生产制造的各环节,便形成了智能制造。

智能制造是信息化与工业化深度融合的大趋势。智能制造融合了工业软件、工业自动化、工业机器人、工业互联网、虚拟现实、增强现实和增材制造等关键使能技术,能够帮助企业及时应对市场变化。但是,推进智能制造是一个复杂的系统工程,不同市场、不同行业、不同产品、不同制造模式的制造企业推进智能制造的模式与策略差异很大,面临诸多技术、管理、实施与应用的风险。此外,如何通过产教融合等途径有效提升高等院校与企业的智能制造人才培养效果,也是当前教育界与产业界重点关注的重要课题之一。

本书旨在通过不同的智能化生产制造实践案例及教学应用,帮助读者领悟智能制造的内涵、关键使能技术、应用场景、实施难点,有效赋能智能制造人才培养。本书凝练了清华大学基础工业训练中心近年来在智能制造实践教学领域的教学改革与产学协同育人的实践经验与应用成果,可作为高等院校智能制造相关专业的教材,也可供高职、高专院校相关专业师生及制造企业相关专业的工程技术人员参考。

全书由清华大学基础工业训练中心工程训练教研室组织编写,由杨建新、李双寿负责编写。参加编写工作的有李璠(第 1 章),汤彬、李双寿(第 2 章),彭世广、姚启明(第 3 章),杨建新、梁雄(第 4 章),杜平(第 5 章),朱峰、王健美、王群(第 6 章),曾武、金晖(第 7 章)。

本书获得教育部高等教育司战略性新兴领域"十四五"高等教育教材体系建设项目支持。

由于编者水平有限,书中难免有错误和不妥之处,恳请读者批评指正。

编　者

2024 年 8 月

目录
CONTENTS

智能制造概述

1.1 智能制造的提出与内涵

智能制造的提出与研究跟制造技术的不断发展和生产模式的不断演变密切相关。对智能制造的研究可以追溯到 20 世纪 80 年代,当时有学者将智能制造定义为"通过集成知识工程、制造软件系统和机器人控制来对制造技工的技能与专家知识进行建模,以使智能机器可自主地进行小批量生产"。从这一定义可以看出,对智能制造最初的解读聚焦于智能机器和人类专家共同组成的人机一体化智能系统,是一种面向生产制造过程的工程技术。随着技术的发展与时代的演变,对智能制造内涵的解读逐步丰富。本节围绕制造业生产模式的演变,介绍智能制造概念的提出与内涵。

1.1.1 制造业生产模式的演变

制造业是经济的重要组成部分,生产模式的演变与发展对经济增长、资源利用和环境保护等方面都具有重要的影响。生产模式是指企业体制、经营、管理、生产组织和技术系统的形态和运作方式,具体表现为与一定的社会生产力发展水平相适应的生产系统和管理方式的集成。生产模式依赖于生产组织方式,而生产组织方式则由企业性质决定。

从 17 世纪开始至 1830 年,在专业化协作分工、蒸汽动力机和工具机的基础上,出现了制造企业的雏形——工场式的制造厂,人类社会的生产率开始大幅提升。1900 年,制造业成为一项重要产业,其主要生产模式是"少品种、单件小批生产"。在这种生产模式下,当时处于世界领先地位的轿车企业每年也只能制造几百辆汽车,而且制造的汽车没有两辆是完全相同的。原因在于所有的承包商都不采用标准的计量器具进行测量,汽车装配高度依赖装配工的熟练程度。1905 年,欧洲已有几百家类似的企业采用单件生产方式少量地制造汽车,这些独立承担大部分生产任务的小工厂没有能力开发新技术,而且产量低、成本高。这种生产模式无法满足市场的新需求。

20 世纪 20 年代,"互换性"和"大批大量生产"等概念被引入制造系统,"科学管理"理论与当时的电气化、标准化与系列化结合,产生了机械自动流水线生产,出现了"少品种、大批大量生产"的模式,成为各国纷纷仿效的制造生产模式。这种新的生产模式及其技术支持零件的互换性,给制造业带来了一场重大变革,有效推动了工业化进程和经济高速发展,为社会提供了大量的经济产品,促进了市场经济的发展。其主要特征包括少品种、大批量生产、塔形多层次的垂直领导和严格的产品节拍控制。其市场特征与少品种单件小批生产模式相同,都是卖方市场。刚性生产线大大提高了生产效率,从而降低了产品成本,但这是以损失产品的多样性为代价的。

20世纪50年代,大量生产方式达到顶峰。人们对"少品种、大批量生产方式"的优缺点有了进一步的认识。大批量生产模式产品的竞争表现为效率加质量的竞争。一方面,大批大量生产方式的规模效益使企业受益匪浅,比如日本,由于政府的干预与调控,制造企业进行管理改革,大量引进和采用高新技术成果,狠抓商品化生产,发挥人的作用,发展企业间的合作,对外开拓国际市场,在汽车、家电、钢铁及微电子器件等产量大的行业,利用批量法则,以规模生产的产品和营销优势迅速扩大在国际市场的占有份额,从而发展为能与美国抗衡的经济大国。另一方面,人们也认识到刚性自动流水线存在许多自身难以克服的缺点,市场的多变性、产品品种和过程的多样性对刚性生产线提出了挑战。为此,人们从技术角度形成成组技术和以计算机与系统技术为基础的制造自动化,试图改进这一模式的不足。

20世纪80年代,人们已经将少品种、大批大量生产模式的优点发挥到极限,同时这种生产模式与市场需求变化间的矛盾越来越明显,并且成为制约制造业发展的重要因素。随着科学技术与社会经济的发展,"多品种、小批量生产方式"逐步成为市场主流。其主要特点是产品种类多、变换快,生产中同时加工的零件种类繁多,可以缩短生产周期,实现均匀化生产,可以降低库存,对市场变化的适应力强。但是生产组织和计划管理工作复杂、难度较大。该生产模式是柔性化、系统化、数字化和网络化的生产方式,其本质是用大量生产的成本来生产满足不同需求的大批用户的个体化、多样性产品。

综上所述,人类的文明与进步与生产模式的发展演变密不可分,其发展路径可以体现为:从手工作业到机器作业,从作坊到工厂;从单件生产方式到大量生产方式,之后形成柔性化、系统化和智能化的生产方式。生产模式发展演变的根本原因都是应对新兴的消费需求与挑战,提升相对滞后的生产力。当前,新的工业革命已带来越来越深入的变革,其核心就是推进智能制造。

1.1.2　智能制造的提出

随着科学技术与社会经济的发展,数字化、网络化大大减轻了人的脑力活动的强度。一方面,随着技术与设备的不断发展,企业的自动化程度越来越高,生产线与生产设备内部的信息流量迅速增加;另一方面,随着市场竞争越来越激烈,来自用户的个性化需求日趋增长,产品包含的设计信息与工业信息量激增。这些因素导致企业必须对迅速变化的市场需求做出快速响应,从而导致制造过程与管理工作的信息量剧增,企业的关注点逐步转向提升制造系统对大规模信息的高效采集、分析与处理能力,这不仅需要数字化、网络化技术,还需要智能化技术。这些智能化技术被深度应用于生产制造的各环节,便形成了智能制造。智能制造是信息化与工业化深度融合的大趋势。

1.1.3　智能制造的内涵

"优质、高效、低耗、绿色、安全"是制造技术发展的主题,也是制造业发展过程中一直追求不变的目标。其中,"优质"是指制造的产品具有符合设计要求的优良质量或提供优良的制造服务;"高效"是指在保证质量的前提下,在尽可能短的时间内,以高的工作效率和快的工作节拍完成生产,快捷响应用户需求;"低耗"是指以尽可能低的经济成本和资源消耗完成产品制造或提供制造服务;"绿色"是指综合考虑环境影响和资源效益完成生产制造;"安全"是指在生产过程中,通过多方协同运作,保证生产者、技术装备和生产设施及生产活动的安全性。在不同的生产模式发展阶段,这五个方面的具体内涵和意义都在与时俱进地发生变化。

对于智能制造而言,其内涵则演变为"柔性、智能、协同、绿色、透明"五个方面。"柔性"是指通过深入管控每个环节,更好地解决制造过程中的问题,从而使制造系统更加敏捷和柔性,满足用户的定制化要求;"智能"是指机器智能可以与人更好地配合,分担一部分思考和决策工作,并尽可能少犯错;"协同"是指制造系统内各子系统、制造过程的各环节,以及自身与上下游相互协同;"绿色"是指实现更优的资源利用,更少地消耗能源和资源;"透明"是指使原本不可见的设备衰退、质量风险、资源浪费等问题变得可见,通过预测性的手段进行避免。

在制造强国战略研究中,智能制造的内涵表述如下:智能制造是新一代信息技术与先进制造技术的深度融合,它的根本任务是推进制造业的数字化、网络化、智能化转型升级。智能制造是一个大系统,贯穿产品、生产、服务等制造全生命周期的各环节,在工业互联网和云平台支撑下,各环节交融成为智能集成制造系统。因此,智能制造主要由智能产品、智能生产、智能服务三大功能系统,以及智能制造云和工业互联网网络两大支撑系统组合而成。在此背景下,制造业的创新内涵包含四方面:一是产品创新,二是生产技术创新,三是产业模式创新,四是这三方面集成形成的制造系统集成创新。智能制造是制造业创新发展的主要途径。

1.2　智能制造领域的核心概念

制造是指将原材料加工成适用的产品或工具的过程。制造活动包含一切"将原材料变成适用的产品"的相关活动。当智能技术用于制造活动中时,便形成了通俗意义上的"智能制造"。

1.2.1　智能制造

智能制造可定义为把智能化技术运用于设计、生产、管理、服务等各类制造活动,形成具有自感知、自学习、自决策、自执行、自适应等功能的新型生产方式,以满足企业提高效率、降低成本、绿色可持续等具体目标。

对智能制造概念的解读可归纳总结如下:"智能制造是面向产品的全生命周期,以新一代信息技术为基础,以制造系统为载体,在其关键环节或过程中具有一定自主性的感知、学习、分析、决策、通信和协调控制能力,能动态地适应制造环境的变化,从而实现预定的优化目标。"

我国《智能制造科技发展"十二五"专项规划》对智能制造的定义为:面向产品全生命周

期,实现泛在感知条件下的信息化制造,是在现代传感技术、网络技术、自动化技术、拟人化智能技术等先进技术的基础上,通过智能化的感知、人机交互、决策和执行技术,实现设计过程智能化、制造过程智能化和制造装备智能化等。

工业和信息化部 2016 年发布的《智能制造发展规划(2016—2020 年)》中将智能制造明确定义为:智能制造是基于新一代信息通信技术与先进制造技术深度融合,贯穿设计、生产、管理、服务等制造活动的各环节,具有自感知、自学习、自决策、自执行、自适应等功能的新型生产方式。

根据上述定义,可以从技术和制造系统两个角度解读智能制造这一概念。

从技术角度看,智能制造是先进制造技术与新一代信息技术、新一代人工智能等新技术深度融合形成的新一代制造技术,涉及工程技术基础和基础性设施条件,以及智能制造系统性集成和应用使能方面的关键技术。

从制造系统角度看,智能制造将实现以产品全生命周期价值链数字化为主线的端到端集成,构建一种物理、虚拟相融合的新型制造系统。智能制造背景下的生产将是一种物理与数字对象融合交互、实际生产与虚拟仿真映射孪生,从而可以在动态变化条件下进行自适应调整,保持优化运行的新型智能生产方式。

需要特别注意的是,不能把智能制造简单地视为智能化前沿技术的应用,它应该是基于人和社会可持续发展,能够实现持续增长的制造发动机。智能制造系统也并非要求智能化技术完全取代人,而是实现高度智能化制造系统中的人机共生。

1.2.2 智能制造核心使能技术

智能制造核心使能技术是实现设计过程、制造过程和制造装备智能化,使信息技术、智能技术与装备制造技术深度融合与集成的重要手段,是实现动态感知、实时分析、自主决策和精准执行等功能的关键方法和技术。

1. 传感器

传感器是一种能够感受被测量并按照一定的规律转换为可用输出信号的器件或装置,通常由敏感元件和转换元件组成。传感器本质上是一种检测装置,采用敏感材料和元件感知被测量的信息,并将感知到的信息由转换元件按照一定规律和使用要求转换为电信号或其他形式输出,以满足信息的传输、处理、存储、显示、记录和控制等要求。

传感器的分类方法较多,按用途可分为振动传感器、压力传感器、位移传感器、液位传感器、能耗传感器、速度传感器、加速度传感器、射线辐射传感器、热敏传感器等。

振动传感器是测试技术应用中的关键部件之一,主要作用是接收机械量并将其转化为与之成比例的电量。由于它是一种机电转换装置,有时也被称为换能器、拾振器等。

振动传感器并不是直接将原始要测的机械量转化为电量,而是将原始要测的机械量作为振动传感器的输入量,然后由机械接收部分接收,形成另一个适合转化的机械量,最后由机电变换部分转化为电量。因此一个传感器的工作性能是由机械接收部分和机电变换部分的工作性能决定的。

随着高速数控机床在金属加工行业应用的日益普及,设备的安全稳定性问题愈发突出。其中,在影响设备正常运行的诸多要素中,高速主轴因素占比较大,主轴的支承核心是高速精密主轴轴承,其性能优劣直接影响高速主轴的工作性能及主轴的加工精度。因此对主轴轴承异常声的控制、检测和评定成为设备维护、保养的重要内容,这也是设备制造、使用及维护领域亟待解决的重要问题之一。

在机床的主轴上安装振动传感器(图 1-1),可以监测机床的运行状态。当收集数据的数量与规模达到一定程度时,可以通过大数据分析技术,结合实际操作经验,对机床设备进行预见性维护,确定机床连续运行高速主轴的潜在故障,保证设备安全、高效运行,从而节省维修费用,缩短停机时间,提高设备综合利用率。

图 1-1　振动传感器

在现代工业生产尤其是自动化生产过程中,各种传感器用于监视和控制生产过程中的参数,使设备工作于正常状态或最佳状态,进而使产品实现最优质量。

2. 工业互联网

工业互联网是工业和互联网融合发展的产物,是一种将机器、物品、控制系统、信息系统、人互联的网络,属于泛互联网的范畴。智能设备、先进数据分析工具、人机交互接口是工业互联网的三大元素。机器、数据和人共同构成工业互联网生态系统。工业互联网利用设备联网,通过网络实时地监测设备数据、生产数据、物流数据,并对这些数据进行分析和挖掘,从而指导生产、优化设备运行、减少能耗、帮助决策,为智能制造提供信息感知、传输、分析、反馈和控制等技术支持。工业互联网的核心是基于全面互联形成数据驱动的智能。

工业互联网平台是面向新时代数字化、网络化、智能化的制造需求,基于大规模数据采集与分析,构建服务体系,用于支持制造资源高效配置的开放式、专业化工业云平台,是加速制造业创新体系和发展模式转变的重要引擎。如图 1-2 所示,工业互联网平台基本框架由基础设施层(IaaS)、平台层(PaaS)和应用层(SaaS)三大层级构成。

基础设施层是工业互联网平台的运行基础,由信息技术基础设施提供商为平台建设与运营提供虚拟化的计算资源、网络资源、存储资源,为工业互联网平台的功能运行、能力构建及服务供给提供高性能的计算、存储、网络等云基础设施。

平台层是工业互联网平台的核心,由平台建设运营主体、各类微服务组件提供商、边缘

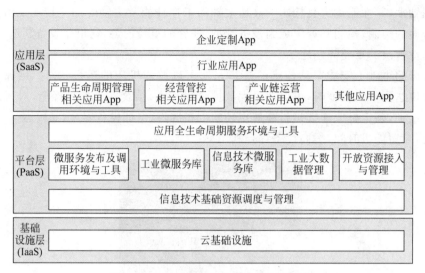

图 1-2　工业互联网平台基本框架示意图

解决方案提供商等共同建设,提供应用全生命周期服务环境与工具、信息技术微服务库、工业大数据管理等功能,依托强大的大数据处理能力、开放的开发环境工具,向下接入社会开放资源,向上支撑工业 App 的开发部署与运行优化,发挥类似"操作系统"的重要作用。

应用层是工业互联网平台的关键,通过激发全社会力量,依托各类开发者基于平台提供的环境工具、资源与能力,围绕特定应用场景形成一系列工业 App,通过实现业务模型、技术、数据等的软件化、模块化、平台化,加速工业知识复用和创新。各类工业 App 的大规模应用将有效促进社会资源的优化配置,加快构建基于平台的开放创新生态。

3. 虚拟现实/增强现实/混合现实

虚拟现实(virtual reality,VR)是一种可以创建和体验虚拟世界计算机仿真系统的技术,它利用计算机生成一种完全的模拟环境,使用户沉浸到该环境中。虚拟现实技术就是利用现实生活中的数据,通过计算机技术产生的电子信号,将其与各种输出设备结合,使其转化为用户能感受到的现象,这些现象可以是现实中真真切切的物体,也可以是人类肉眼看不到的物质,通过三维模型表现出来。从理念上看,VR 的核心特征是沉浸、互动和想象,也就是通过对现实的捕捉和再现,将真实的世界和虚拟的世界融为一体,从而将用户引入兼具沉浸、互动与想象的虚拟世界。当前及未来众多行业都会与 VR 进行深度融合。

增强现实(augmented reality,AR)是虚拟现实的扩展,它将虚拟信息与真实场景相融合,使二者能够在同一画面及空间中存在,增强用户对现实世界的感知。增强现实技术是促使真实世界信息和虚拟世界信息之间内容融合的新技术,将原本在现实世界空间范围中难以体验的实体信息在计算机等科学技术的基础上,实施模拟仿真处理,将虚拟信息内容在真实世界中加以有效应用,并且在这一过程中能够被人类感官感知,从而实现超越现实的感官体验。

混合现实(mixed reality,MR)是虚拟现实技术的进一步发展,通过在现实场景中呈现虚拟场景信息,在现实世界、虚拟世界和用户之间搭起一个交互反馈的信息回路,以增强用户体验的真实感。混合现实的关键点是与现实世界进行交互和信息的及时获取。

VR 与 AR 在本质上是相通的,即"3D"与"交互"。但 VR 与 AR 的应用趋势不同,VR

与 AR 使用的构建 3D 场景的技术及其展现设备不同,VR 更趋于虚幻和感性,更易应用于娱乐方向;而 AR 更趋于现实和理性,更易应用于比较严肃的场景,比如工作和培训;MR 是基于前两者发展出的混合技术形式,是一种既继承了两者的优点,又摒除了两者大部分缺点的新兴技术。

VR、AR 和 MR 涉及的关键技术主要包括可视化技术、传感系统、跟踪系统、用户界面和处理单元,它们的相互关系示意图如图 1-3 所示。

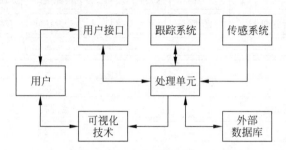

图 1-3　VR、AR 和 MR 涉及的关键技术及相互关系示意图

可视化技术的作用是将真实环境以数字化信息进行可视化呈现,常用的可视化技术有头部固定显示、手持式装置、投影装置等。

传感系统通过各种传感器为 AR 和 MR 从环境中获取信息,在多数场景下使用一个或多个摄像头或立体摄影机作为主要输入。

跟踪系统用于将数字化对象准确定位于真实环境中的对象,在 AR 系统中多采用基于标记的三角定位技术校正数字对象的位置。

用户界面用于实现系统和用户之间的双向通信,交互基于键盘、鼠标、手写板等多种硬件,以及手势识别、语音识别、听觉信号、力反馈等各种交互技术。

处理单元负责 VR、AR 和 MR 的软件运行。在 AR 和 MR 中,处理单元还要与相关的数据源连接以获取真实世界的实时数据。

在智能制造中 VR、AR 和 MR 技术可应用于多种场景,如标准作业程序、交互式虚拟试验、操作技术培训等。

4. 数字孪生

从智能制造的角度看,数字孪生是指充分利用物理模型、传感器实时动态数据感知更新、静态历史数据等,集成多学科、多物理量、多尺度、多概率的仿真过程,在虚拟空间中完成映射,从而反映对应实体装备的全生命周期过程。

现实中,由于多种影响因素,真实产品不能与数字化模型保持完全一致,基于理想数字化模型的仿真分析,其有效性受到了明显的限制。数字孪生将物理世界的真实参数重新反馈到虚拟世界,从而完成仿真实验和动态调整。

数字孪生的基本特征是虚实映射。通过对物理实体构建数字孪生模型,实现物理模型和数字孪生模型的双向映射。任何物理实体都可以创建数字孪生模型。对于不同的物理实体,其数字孪生模型的用途和侧重点差异很大。

一个典型的数字孪生系统包括用户域、数字孪生体、测量与控制实体、现实物理域和跨域功能实体五个层次(图 1-4)。

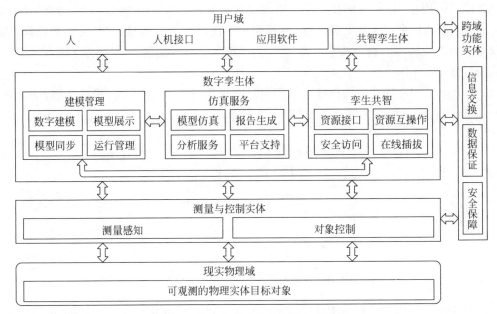

图 1-4　数字孪生系统的通用参考架构

第一层是使用数字孪生体的用户域，包括人、人机接口、应用软件，以及其他相关的数字孪生体。第二层是与物理实体目标对象对应的数字孪生体，是反映物理对象某一视角特征的数字模型，并提供建模管理、仿真服务和孪生共智三类功能。第三层是测量与控制实体，实现对物理对象的测量感知与控制。第四层是与数字孪生对应的物理实体目标对象所处的现实物理域，测量与控制实体和现实物理域之间有测量数据流和控制信息流的传递。第五层是跨域功能实体，包括信息交换、数据保证、安全保障三种类型。

从数字孪生的系统架构可以看出，建模、仿真和基于数据融合的数字线程是数字孪生的三项核心技术。

建模的目的是将人们对物理世界或问题的理解进行简化和模型化。数字孪生的目的是通过数字化和模型化，消除各种物理实体，特别是复杂系统的不确定性。建立物理实体的数字化模型或信息建模技术是创建数字孪生、实现数字孪生的源头和核心技术。不同的建模者从某个特定视角描述一个物理实体的数字孪生模型实际上可能有很大差异。一般而言，细颗粒度数据有利于人们更深刻地认识物理实体及其运行过程。

仿真是验证和确认人们对物理世界或问题理解正确性和有效性的手段。数字化模型的仿真技术是创建和运行数字孪生体，保证数字孪生体与对应物理实体实现有效闭环的核心技术。仿真作为工业领域必不可少的重要技术，已被广泛应用于各工业领域，是推动工业技术快速发展的核心技术。随着智能制造新一轮工业革命的兴起，工业仿真软件与先进技术结合，在研发设计、生产制造、试验运维等环节发挥着更重要的作用。

数字线程是指一种信息交互的框架，能够打通原来多个竖井式的业务视角，联通设备全生命周期的互联数据流和集成视图。数字线程通过强大的端到端的互联系统模型和基于模型的系统工程流程进行支撑和支持。数字线程能有效地评估系统在其生命周期中当前和未来的能力，在产品开发之前，通过仿真的方法及早发现系统性能缺陷，优化产品的可操作性、可制造性,并在整个生命周期中应用模型实现可预测维护。

5. 工业机器人

工业机器人是面向工业领域的多关节机械手或多自由度的机器装置,具有柔性好、自动化程度高、可编程性好、通用性强等特点。

国际上关于工业机器人的定义主要有两种。国际标准化组织(International Organization for Standardization,ISO)定义工业机器人为一种具有自动控制的操作和移动功能,能完成各种作业的可编程操作机。美国机器人协会(Robotic Industries Association,RIA)定义工业机器人为一种可以反复编程和多功能的,用于搬运材料、零件、工具的操作机;或者为了执行不同任务而具有可改变和可编程动作的专门系统。

在智能制造领域,工业机器人作为一种集多种先进技术于一体的自动化装备,体现了现代工业技术的高效益、软硬件结合等特点,成为柔性制造系统、自动化工厂、智能工厂等现代化制造系统的重要组成部分。

工业机器人的组成结构是功能实现的基础。工业机器人一般由 3 个部分、6 个子系统组成,如图 1-5 所示。

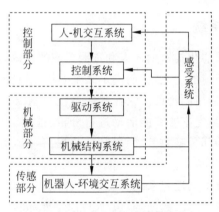

图 1-5　工业机器人的组成结构

(1) 控制部分是工业机器人的核心,决定了生产过程的加工质量和效率,便于操作人员及时准确地获取作业信息,按照加工需求对驱动系统和执行机构发出指令信号并进行控制。该部分包括工业机器人的人-机交互系统和控制系统。

人-机交互系统是人与工业机器人进行信息交换的设备,主要包括指令给定装置和信息显示装置。人-机交互技术应用于工业机器人的示教、监控、仿真、离线编程和在线控制等方面,可优化操作人员的操作体验,提高人机交互效率。

控制系统是根据机器人的作业指令程序及从传感器反馈的信号,支配工业机器人的执行机构完成规定动作的系统。控制系统根据是否具备信息反馈特征可分为闭环控制系统和开环控制系统;根据控制原理可分为程序控制系统、适应性控制系统和人工智能控制系统;根据控制运动的形式可分为点位控制系统和连续轨迹控制系统。

(2) 机械部分是工业机器人的基础,其结构决定了机器人的用途、性能和控制特性。该部分包括工业机器人的驱动系统和机械结构系统。

机械结构系统包括基座和执行机构,有些机器人还具有行走机构,是机器人的主要承载体。机械结构系统的强度、刚度及稳定性是机器人灵活运转和精确定位的重要保证。

驱动系统包括工业机器人动力装置和传动机构,按动力源分为液压、气动、电动和混合动力驱动,其作用是提供机器人各部位、各关节动作的原动力,使执行机构产生相应的动作。驱动系统可以与机械系统直接相连,也可通过同步带、链条、齿轮、谐波传动装置等与机械系统间接相连。

(3)传感部分是工业机器人的信息来源,能够获取有效的外部和内部信息以指导机器人的操作。该部分包括工业机器人的感受系统和机器人-环境交互系统。

感受系统是工业机器人获取外界信息的主要窗口。机器人根据布置的各种传感元件获取周围环境状态信息,对结果进行分析处理后控制系统对执行元件下达相应的动作命令。感受系统通常由内部传感器模块和外部传感器模块组成:内部传感器模块用于检测机器人自身状态,外部传感器模块用于检测操作对象和作业环境。

机器人-环境交互系统是工业机器人与外部环境中的设备进行相互联系和协调的系统。在实际生产环境中,工业机器人通常与外部设备集成为一个功能单元。该系统能够帮助工业机器人与外部设备建立良好的交互渠道,共同服务于生产需求。

1.2.3　智能制造系统

智能制造系统是指将智能化技术融入人和资源形成的系统,使制造活动可以实时、动态地适应内外部需求与制造环境的变化,从而满足系统的优化目标,如高效率、低成本、节能降耗等,从而持久地为社会创造新的价值。它在制造过程中能以一种高度柔性与集成度不高的方式,借助计算机模拟人类专家的智能活动进行分析、推理、判断、构思和决策等,从而取代或者延伸制造环境中人的部分脑力劳动。同时,收集、存储、完善、共享、集成和发展人类专家的智能。

关于智能制造系统的关键词还有系统、人、资源、需求、环境变化、动态适应、优化目标。资源包括原材料、能源、设备、工具、数据等;需求可以是外部的(例如,社会的需求),也可以是内部的;环境包括设备工作环境、车间环境、市场环境等。

如图1-6所示,智能制造系统是一个相对的概念。系统可以是一个加工单元或生产线,一个车间,一个企业,一个由企业及其供应商和客户组成的企业生态系统;动态适应意味着能够对环境变化实时响应;优化目标涉及企业运营的目标,如效率、成本、节能降耗等。至于系统所需的各种手段均隐含其中。

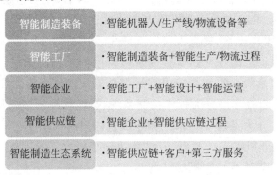

图1-6　智能制造系统的层次

需要注意的是,智能制造系统并非要求机器智能完全取代人,即使未来高度智能化的制造系统,也需要人机共生。

智能制造系统架构主要用于智能制造标准体系结构和框架的建模研究。架构包括三个维度,分别是生命周期、系统层级和智能功能(图1-7)。生命周期包括设计、生产、物流、销售、服务等一系列相互联系的价值创造活动组成的链式集合;系统层级包括设备层、控制层、车间层、企业层和协同层,共五层,智能功能包括资源要素、系统集成、互联互通、信息融合和新兴业态,共五层。智能制造系统架构旨在帮助制造企业在实践中有效实现三个维度的打通。

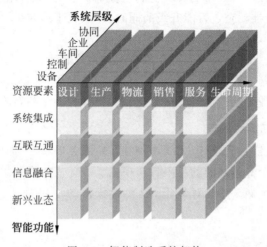

图1-7　智能制造系统架构

在生命周期方面,打造全生命周期端到端的智能制造。企业需要思考如何将数字化制造的工作从生产、研发的范围更有效地拓展到物流、采购、营销、客服等企业其他业务部门。

在系统层级方面,智能制造系统层级体现了装备的智能化和互联网协议化,以及网络的扁平化趋势。打造超出企业层级的智能制造,促进与供应商、客户的协同。企业需要思考如何将数字化工作从车间的具体抓手提升到与上下游企业协同的层面。例如,通过数字化采购,实现企业与供应商在原料库存方面的对接。

在智能功能方面,加强对新兴业态的整合。需要思考如何通过数字化手段帮助企业试验新兴业态,例如,通过远程运维提供客户服务等。

1.2.4　智能制造的发展趋势

1. 标准与规范加速形成

智能制造从本质上是对传统制造方式的重新架构与升级。在市场及政府的大力推动下,智能制造行业的统一标准与规范,以及标准化流程正在加速形成,从而使智能制造的工业大规模应用推广得以实现。此外,智能制造技术基础关键技术、智能装置与部件,工业信息安全技术等的研发应用也在加速发展。

2. 混合制造新模式的出现

近年来,以3D打印为代表的增材制造技术极大地改变了产品的设计、销售和交付方式,使大规模定制和简单的设计成为可能,彻底改变了传统制造业形态。在此基础上,增材制造与传统加工方法相结合产生了混合制造新模式。混合制造是指在单台机床上将增材制造与传统加工方法相结合的一种新制造模式。未来可能进一步发展为多工艺结合、多机一体化、多材料混合、多能源复合等更多形式的制造模式。

3. 新一代智能制造范式的快速形成

以数字化、网络化、智能化制造为核心内容的新一代智能制造范式正在快速形成。智能制造在长期实践演化中形成了许多不同的范式,包括精益生产、柔性制造、数字化制造、计算机集成制造等,在不同程度与视角上反映了制造业的数字化、网络化和智能化。但是,众多的智能制造范式在积极推动企业智能升级的同时,却不利于形成统一的智能制造技术路线,在实践中造成了困扰。

当前,工业互联网、大数据及人工智能等技术对传统制造业产生了巨大影响。新一代人工智能技术通过"物联网"将产品、机器、资源与人有机联系在一起,实现产品全生命周期和制造全流程的数字化,催生制造业进入数字化、网络化、智能化的新阶段。

4. 智能服务业模式加速形成

智能制造企业通过嵌入式软件、无线连接和在线服务的整合,形成了新的智能服务业模式,制造业和服务业两个部门之间的界限日益模糊。服务供应商开始进入制造业领域,制造企业也开始涉足服务行业。在此背景下,消费者获得的不仅是一个产品,而是一种产品"体验"。

第 2 章

智能化铸造单元

铸造是将固态原料变为液态熔体,再变为固态铸件的过程,或者说是一种利用固-液和液-固两种转变获取所需零部件(或其毛坯)的生产工艺。智能铸造是信息化与铸造生产高度融合的产物,其中,智能设计采用现代设计手段,对未来工厂进行模拟仿真并优化。智能生产选用智能或自动化铸造装备,生产智能铸件产品,实现智能物流系统、智能安全系统功能。智能管理实现目视化管理系统、设备联网系统、环境监测系统、数据采集系统、通信网络系统、质量跟踪系统等功能。

智能铸造包括智能铸造技术和智能铸造系统。智能铸造技术是指通过智能铸造装备优化铸造生产流程和工艺参数的过程,主要包括数值模拟、3D 打印、机器人、ERP 等;所有智能工厂都是以智能装备为基础的,比如西门子、ABB、发那科、奥迪、奔驰、宝马、波音、空客等,绝不意味着用一种数字化软件设计的工厂就是智能化工厂。

2.1 铸造智能装备

智能装备是指具备感知、分析决策、执行功能的制造装备。现有铸造装备具有的智能因素有自动造型线系统、自动加配料系统、自动铁液输送系统、自动清理系统等。现在各种新的技术基本都已应用于铸造装备,比如位移传感器、压力传感器、光学成像系统、光栅、射线技术、RFID、PLC、伺服、无线控制系统、网络技术、远程诊断系统、人脸识别系统等。近年来,许多高新技术设备已经进入铸造领域,并对铸造行业产生了变革性影响,其中增材制造设备、工业机器人、旧砂再生设备及传感识别装置等,几乎覆盖了铸造工艺流程的各环节。

1) 增材制造设备

增材制造设备又称 3D 打印设备,是近年来的热门话题。对于传统铸造业而言,采用模具造型和制芯仍是目前的主要生产方式,但模具制造的周期和成本相对较高,严重制约了铸件的生产效率和成本。基于 3DP 打印机的绿色智能工厂,依据 3DP 打印设备优化工艺,利用 3DP 成形技术,改变了传统铸造造型工艺及部分特种铸造工艺中需要先制模再制型的工序,增材制造技术可以不需要模样直接生产浇注用的砂型(芯),摒除过去传统手工生产的各种弊端,简化铸造模具的制造、制芯、造型等工序,实现铸件的铸造工序流程再造,改善生产环境,减少生产材料的消耗及对环境的污染,提高铸件质量,降低制造成本和劳动强度。

2) 工业机器人

工业机器人在铸造过程中特别是在一些大中型铸件的铸造过程中有着十分重要的应用。由于铸造属于离散制造的特点,工业机器人可代替工人进行一些重体力劳动,在各工序及工序间扮演着转运的角色,是整个生产物流能力的保障,并提高生产效率,其中具有代表性的是重载机器人及桁架机器人等。随着工业机器人在铸造过程的深入应用,面向复杂工况条件下的工业机器人研发及应用将成为研究热点。

3) 旧砂再生设备

铸造生产过程中产生的旧砂占铸造工厂(车间)固体废弃物排放总量的70%多,对旧砂进行再生利用可以节约资源、降低生产成本,还可以减少因排放固体废弃物而引起的环境污染,具有相当大的经济效益及社会效益。旧砂再生设备已经成为现代铸造车间不可缺少的组成部分。随着劳动力成本的增加,很多企业设置了回砂系统监控装置,以减少人员和减轻劳动强度。混砂质量的控制均采用在线检测装置。关键设备和关键部位,比如斗式提升机的头尾轮、多角筛的主轴等,都设置了轴温检测和报警装置。

4) 传感器及识别装置

传感器及识别装置将整个铸造生产过程中的物理信号转变为数字信号,是实现智能铸造数字化阶段的重要组成,是对整个铸造生产过程进行数字化,通过数据筛选、分类及分析实现对整个铸造生产过程进行科学管理及控制。

还有一些智能铸造装备技术在铸造生产中应用的相关案例。比如计算机数值模拟技术在铸造关键过程仿真分析中的深度应用,即在虚拟的环境中仿真模拟生产制造过程,解决现场可能发生的生产问题,同时基于知识库理念给予设计人员参考。由传统铸造的重视生产制造、利用生产试错来保证产品质量,转为重视产品设计与工艺设计,在工艺设计中搭建虚拟的设计环境,基于知识库指导设计人员快速设计,从而在设计阶段解决现场生产可能发生的90%的问题。

比如,深入挖掘合金熔体凝固过程的其他物性参数变化,借助人工神经网络等AI工具,建立可测信息参数与凝固组织及性能的关系,实现铸件质量的多方法炉前快速预测,是熔体质量炉前快速检测技术的重要研究方向。

再如,在现代铸造生产线现场建立一个局域性的物联网系统,实时监控生产现场的运行情况,可实现现场数据的实时采集;通过已确定的装备主要技术参数进行标识,并作为判别依据,建立测试数据库,利用视频监控或远程监控对现场进行测试监控,最终实现智能网络技术和生产效益的互补和提高。

另外,智能铸造工厂中的全部生产活动将由自动化生产集成系统控制,生产现场配有自动化生产设备或智能机器人,按照预设的机械动作、既定的生产计划自动化生产,这些智能铸造装备通过传感器、大数据等软硬件系统实现实时监测,对可能发生的故障提前预警,从而提高设备的可靠性。即使是设备出现故障时,系统也会根据设备报警信息检索并推荐故障知识库中的相应解决方案,以提高维修效率。

智能铸造工厂可用现代设计软件和人工智能技术,对现实工厂进行模拟仿真和优化,选用的装备基本以自动化生产线为主,能有效实现信息共享、整合企业间优势资源,在各产业链环节实施协同创新,推动制造资源和制造能力的优化配置,以提高劳动生产率、提升产品质量。在系统统计方面,会自动对生产数据进行汇总,快速准确生成报表,从而减少人员数量。

2.2　智能铸造系统

　　智能铸造系统是具有学习能力的大数据知识库,能够通过对环境信息和自身信息的对比分析进行自我规划、自我改善。智能铸造系统主要包括智能化车间、智能化设备、智能化数据采集、智能化在线监测、智能化故障检测和排除、专家系统、决策支持系统、智能化信息系统等。其目标是努力提升制造的智能化程度,加速产业转型升级,真正地、最大限度地为企业运作带来效率。

　　一个最基本的智能化铸造系统通常要具备三个基本功能:感知、分析决策、执行。智能系统的前端是感知阶段,利用传感器、RFID、智能识别等对外界各种信息进行探测,并将探测得到的信息转化为数字信号,向分析决策系统传输。传感器犹如智能化系统的眼睛和耳朵,用于感知制造过程变化的点滴信息,是实现智能化的前提条件。智能化的分析决策阶段主要完成对传感器获得的各种数字信息进行分类、存储、筛选、关联统计、分析计算,提出优化策略,输出最终的决策信息。这个过程犹如人的大脑,对从外界获得的各种信息进行归纳整理,快速提出应对之策,因此该过程是实现智能化的核心。智能化的执行是设备将决策系统输出的指令转化为设备的各种具体动作,最终完成相应的生产任务。智能化的执行机构由各种自动化设备组成,在整个智能系统中扮演着手和脚的角色,是实现智能制造的基础。

2.2.1　感知功能

　　在智能系统的感知端,通过设备自身携带的传感器或系统特定需要而增设的传感器,获取产品、设备、生产环境等各方面对质量、成本、效率、(自然)环境、安全有影响的因素,在整个生产过程中对这些影响因素进行全方位监控。此过程获得的数据能够实时显示、记录和追溯。目前铸造行业应用的传感器种类繁多,除传统的力、热、光、电、波、流量等传感器外,还包括独立的测量系统、视觉系统、红外摄像机、RFID、智能识别等。目前感知端的探测方式正在从点对点的方式向系统集成化发展。以压铸模具温度检测为例,以前测量模具开模温度依靠热电偶或红外测温仪,只能进行点测量。现在不仅有了红外相机,实现了同时对单个模腔温度的测量,设备还有相应的温度分析系统,能够设定正常温度范围,对局部温度过高或过低现象进行标识和报警提示,可有效提高模具温度控制的准确性。

2.2.2　分析决策功能

　　智能分析决策系统主要基于前期的数字仿真系统和后期的大数据应用系统,以及正在开发的铸造专家系统。目前铸造行业普遍应用的数字仿真技术主要有两种:以产品质量为分析对象和以生产线为分析对象。以产品质量为分析对象的铸造 CAE 软件较为普遍,如 Magma、ProCAST、Flow-3D、EKK、AnyCasting、华铸 CAE 等,基于产品和模具的数字模型,通过对主要工艺参数的计算分析来预判铸件的质量状况。而以生产线为分析对象的数字仿真分析主要有 Tecnomatix、Flexsim 等,主要基于生产线工作顺序、布局、人员计划、设备数字模型等,实现生产线物流、工位平衡、布局合理性、人机工程等方面的分析优化。数字仿真工作的起始点为工程师设计数字模型和工艺参数,通过将数字模型与工艺参数相结合,按照软件内置的分析模型经过复杂计算,得到分析结论。用于分析的数字模型和工艺参数等数据是从无到有设计出的,设计时会根据经验人为排除影响因子较小的数据,过程数据关注较少。数据量很大,可以称作大规模数据。就铸造行业来讲,大数据分析不仅收集分析数字仿真分析用到的对质量影响因子较大的参数,还收集分析影响因子较小的众多过程数据。从整个过程来讲,大数据分析更多地倾向于对生产过程中的过程数据和结果同时进行采集存储,比较结果不同的产品在对应过程中的差异,分析归纳出过程与结果之间的关联性。大数据分析的起始点为数据统计分析,以寻找原因。进行大数据分析时,数据量越大,模型训练越成熟,准确性越高,分析结果就越可靠。与大数据伴随的技术包括云计算技术、区块链技术、人工智能、数据库管理、智能网络管理系统、铸造专家系统等。这些技术都是智能分析决策系统的重要组成部分,其发展越成熟,组合越合理,智能分析决策的优势就越明显。

2.2.3　智能执行

智能化的执行阶段涉及各种智能化设备、自动化设备、人机交互设备等。执行各种具体生产任务的设备种类繁多,有复杂的大型设备,如大型压铸机;也有简单的设备,简单到只有一个机械机构。不管是复杂设备还是简单设备,都在生产线中发挥着不可或缺的作用。这些设备需要具备与铸造智能系统进行信息交互、信号转换的能力,能够控制各类电磁阀和继电器开闭、电机启停、气缸伸缩、油缸伸缩等,从而控制设备的各种动作。同时还需要与过程参数、位置信息进行采集与交互,控制阀的开闭程度。有些可以通过铸造智能系统进行信息交互,有些可以在设备内部完成。

2.3　智能化铸造单元

2.3.1　铸造模拟仿真

传统的铸造生产和工艺制定过程,主要根据经验的积累并不断反复地试错,直到做出合格产品。这种依靠经验和反复试错的做法导致生产周期长、成本高,而且很难保证铸件的质量。由于铸造工艺本身的特点,用肉眼观察存在很大的局限性,所以,数字化模拟仿真技术与试验研究成为提高铸造成品率的有效手段。数字化模拟仿真技术在工艺设计之初及设计方案更改论证过程中起着重要作用,因为铸型的阻隔,很难实际观测合金液体充型凝固的过程,而数字化模拟技术仍然可以提供铸件充型和凝固的可视化信息。如 AnyCasting 可以准确快速地分析铸造工艺过程中侧枕铸型合金填充和凝固的信息,掌握验证流态、凝固和缺陷的方法。

通过采用铸造虚拟仿真技术,设计人员只要在计算机上直接利用三维造型软件(如SolidWorks 等)建立铸件的三维模型,再利用铸造虚拟仿真软件模拟铸件的浇注凝固过程,在实际浇注之前就能对铸件中可能产生缺陷的部位进行预测,从而对现有工艺进行优化改进,以确保铸件质量。铸造虚拟仿真技术已经成为铸造行业的重要技术发展方向,在国外已经普遍使用,我国作为全球铸造第一大国也正在大力推广应用这一技术。虚拟仿真技术的应用使铸造工艺设计周期缩短、铸件制造速度加快、铸件质量明显提高,同时也对铸造技术人员的素质提出了更高的要求,需要具有扎实的专业基础和较强的创新意识,能够掌握和开发新工艺、新技术的高级应用型人才。目前,国内大部分相关高等院校只开设了 CAD/CAM 课程,开设铸造虚拟仿真课程的学校还不多。因此,为满足铸造企业对技术人才素质和能力的需求,同时使学生满足铸造行业可持续发展的需求,迫切需要将先进虚拟仿真技术引入实践中,全面提高人才培养质量,以适应时代和企业对铸造专业技术人才的要求。

案例:AnyCasting 铸造仿真模块

1. AnyCasting 概述

当进行数值运算时,网格和模拟条件设置非常关键。所有的数值模拟软件都包含前处理(PRE)程序,可以通过前处理程序划分网格,设置模拟所需条件。理想的前处理程序应能提供高质量的算法以检查输入形状信息,同时在很短的时间内划分出高精度的网格,而且使用户轻松、便捷地设置模拟条件。anyPRE 可以根据 CAD 文件导入的形状信息生成所需的网格,同时可以对几何体进行各种 CAD 操作。通过 anyPRE 可以设置运行 anySOLVER (AnyCasting 求解器)所需的条件。

作为 AnyCasing 的前处理器,anyPRE 可以将导入的 CAD 数据直接生成有限差分网格,还可以为铸造过程指定不同的设置,包括铸造工艺的选择、材料、边界条件、热流、浇口条件,以及不同的仪器和模型。而且,用户可以使用 anyPRE 提供的 CAD 功能方便查看、移动/旋转实体。

1)一般工作流程

在 anyPRE 中,导入 STL(CAD 文件)或 anyPRE 数据(GSCX 文件)并生成网格后,用户可以设置运行 anySOLVER 所需的模拟条件。

2)输入文件

在启动 anyPRE 之前,用户需提前准备待输入几何形状的 STL 文件。如果用户导入 STL 文件后保存,则生成 *.gscx 文件;如果用户生成网格并完成边界条件设置,则会生成启动 anySOLVER 的文件。

STL 文件:STL 文件格式已在 CAD 程序中得到广泛应用。首先用户将 CAD 程序包含几何形状信息的文件导出为 STL 格式文件,然后由 anyPRE 导入这些包含形状信息的 STL 文件,并生成网格。

GSCX 文件:此文件类型在 anyPRE 中被创建,通常可以使用 anyPRE 另存为此文件类型。所有已处理内容和 STL 几何形状信息都被保存为此文件类型。用户可以通过导入此文件类型操作新的文件或先前的文件(输出文件)。如果选取"文件"|"保存",可以保存 GSCX 文件。

当 GSCX 文件被保存后,启动 anySOLVER 所需的 MS HX,PRPX 文件将同时被创建。Project.gscx:此文件包含 anyPRE 处理过的内容。Project.jdi:包含要在 anyPOST 中使用的 anyPRE 信息的文件。Project.mif6x:此文件保存 RealFlow(细分)网格信息。Project.mshx:此文件保存网格信息。Project.prpx:此文件保存求解条件。Project.pxm:此文件保存分析参数信息。Project.xml:此文件保存分析选项信息。Project.txt:包含分析选项信息的文件。Project.vpx:包含保存的用户视点信息的文件。

2. anySOLVER 介绍

anySOLVER 是 AnyCasting 基于有限差分法的三维流动和传热/凝固仿真的求解器,

anySOLVER 不仅可以分析传统的铸造工艺,如压铸、低压铸造、砂型铸造、熔模铸造和重力倾转铸造,也可以分析特殊的铸造工艺,如大钢锭铸造。不同领域、300 多个分析项目的实践充分证明了其精确性、快速性和稳定性。

3. anyPOST 介绍

作为 AnyCasting 的后处理器,anyPOST 通过读取 anySOLVER 中生成的网格数据和结果文件在屏幕上输出图形结果,使用户操作变得更加快捷容易。使用 anyPOST,用户可以通过二维和三维图像观察充型时间、凝固时间、等高线(温度、压力、速率)和速度向量,也可以用传感器的计算结果创建曲线图。这个程序具备动画功能,使用者将计算结果编辑为可播放文件,通过卓越的结果合并功能观察各种二维或三维的凝固缺陷。anyPOST 如同基于 Windows 的后处理器,以最少预操作查看显示结果,并采用 OpenGL 实现更逼真的图像。

AnyCasting 数值模拟在改善初步和验证设计的修改方面是非常有效的,因为数值模拟过程能够提供充型和凝固过程的信息,甚至在铸型封闭而不可视的位置也能提供过程信息;而且通过铸造模拟分析能预先得到铸件缺陷的有效数据,从而指导模具设计,有利于在模具设计阶段把铸件缺陷发生率降到最低;引入 AnyCasting 软件,可使操作现代化,设计结果可视化,提高设计工作的技术层次和质量。

2.3.2　智能造型

1. 3D 砂型打印案例

无模铸型快速制造技术(patternless casting manufacturing,PCM)是将 CAD、3D 打印技术与传统砂型铸造工艺有机结合而设计开发的一种数字化制造的综合技术。它利用 3D 打印技术的离散/堆积成形原理,采用轮廓扫描、喷射固化工艺,实现铸型的快速、直接成形而无须模样,属于增材制造(additive manufacturing,AM)技术中的微滴喷射-间接金属(直接铸型)快速制造技术。其工艺过程如下:首先在三维软件中由零件 CAD 模型得到铸型 CAD 模型,并将铸型 CAD 模型保存为 STL 文件格式;通过 Aurora 分层软件对该模型进行分层,得到每层截面信息的层片文件——CLI 文件;再通过 Cark 控制软件使 CLI 文件中的层片信息产生控制运动,完成造型过程,如图 2-1 所示。

1) Aurora 软件操作

从桌面快捷方式和开始菜单都可以启动本软件。软件启动后的工作界面如图 2-2 所示。

2) 载入 STL 模型

选择一个 STL 文件,系统开始读入 STL 模型,并通过最下端的状态条显示已读入的面片数(Facet)和顶点数(Vertex),如图 2-3 所示。读入模型后,系统自动更新,显示 STL 模型,如图 2-4 所示。

3) 载入 CLI 模型,进行分层

选择"文件"|"输入"|"CLI"可以打开并显示 CLI 模型。

(1) 计算支撑。PCM 系列装备无须进行支撑,用户无须设定支撑参数,系统默认即可,此步骤可不操作,直接进行分层即可。

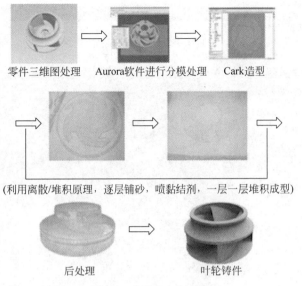

零件三维图处理
Aurora软件进行分模处理
Cark造型
(利用离散/堆积原理，逐层铺砂，喷黏结剂，一层一层堆积成型)
后处理
叶轮铸件

图 2-1　PCM 工艺过程

Aurora - 快速成形系统软件 - [Aurora1]
成形机 --- PCM800ADI
系统 1
输出
<操作>
几何变换
合并
分解
分割
切片
<信息>
记录
信息
欢迎使用Aurora
数字

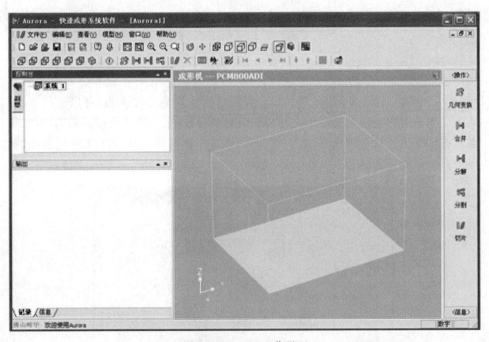

图 2-2　Aurora 工作界面

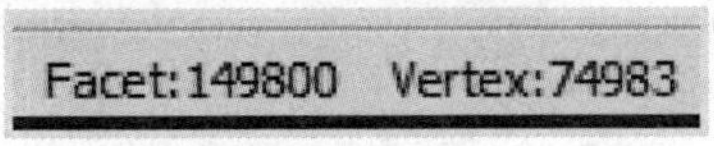

Facet:149800　Vertex:74983

图 2-3　STL 模型读入进程

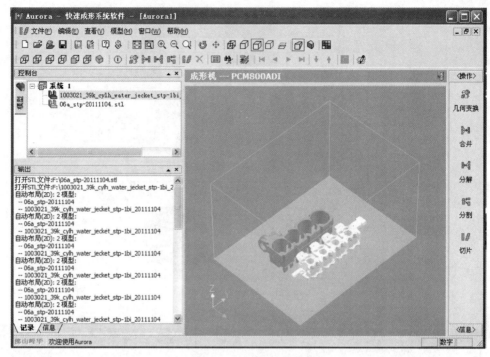

图 2-4 读入 STL 模型后自动显示

（2）分层参数详解。PCM 工艺的层片包括两部分，原型的轮廓部分和内部填充部分（支撑部分无须考虑，默认即可）。轮廓部分根据模型层片的边界获得，可以进行多次扫描。内部填充是用单向扫描线填充原型内部的非轮廓部分，根据相邻填充线是否有间距，可以分为标准填充（无间隙）和孔隙填充（有间隙）两种模式。标准填充应用于原型的表面，孔隙填充应用于原型内部。如图 2-5 所示。

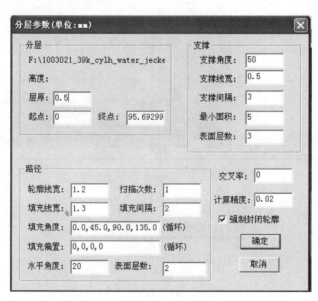

图 2-5 分层参数对话框

分层：导入多个 STL 或 CSM 模型，空间位置摆放好后，选择菜单"模型"|"合并"或单击按钮 ▶█，多个模型若不合并为一个模型，则只有一个文件被分层。如图 2-6 和图 2-7 所示。

图 2-6　多个模型合并前　　　　　　　　　　　图 2-7　多个模型合并后

选择菜单"模型"|"分层"或单击按钮 ▨，启动分层命令。首先提示用户设定分层参数，其次选择保存分层结果的 CLI 文件，最后系统开始计算各个层片。

4）启动 Cark 控制软件

PCM 控制软件 Cark 的使用非常简单，只要双击运行 Fhzl 500 图标就可以执行程序。启动应用程序后，系统显示界面如图 2-8 所示。

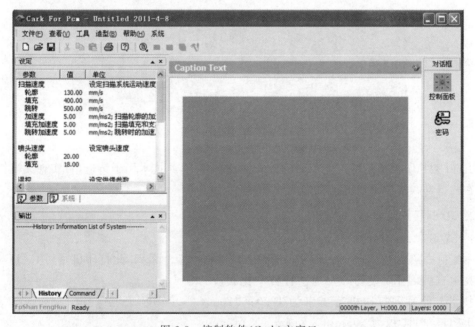

图 2-8　控制软件(Cark)主窗口

可以看到 Cark 是一个具有 Windows 风格的软件。Cark 整个设计开发都是在 Windows 环境下，操作使用非常简单方便。Cark 工作界面由三部分构成：上部为菜单和工具条；左侧为工作区窗口，显示工艺参数及系统信息等；右侧为图形窗口，显示二维 CLI 模型。

5）3D 打印造型

造型的第一步是初始化系统，然后按照工艺要求进行操作，造型过程中应严格按操作步骤进行,以免造成事故。下面详细介绍该菜单的主要功能。

(1)系统初始化:单击"造型"|"系统初始化"后,系统将自动测试各电机的状态;X、Y 轴回原点;自动装载变量文件和运动控制文件等 PMAC 文件。只有系统初始化后,才可以进行造型。打开新文件后,不需要重新进行系统初始化,关闭 PCM 装备后,需要重新进行系统初始化。

(2)造型:单击"造型"|"造型……","选择造型层"可以设定造型的起始层和结束层。当用户全部选择确定后,弹出如图 2-9 所示的造型状态对话框。

图 2-9 造型状态对话框

(3)启动:在图 2-9 中单击"Start"按钮,启动造型过程。启动后该按钮变为"Pause",单击该按钮系统可以随时暂停造型,此时用户可以清理设备。按"Stop"按钮,则停止造型,XY 轴电机回零点。关闭系统:单击"造型"|"关闭系统"后,系统将自动关闭温控系统及数控系统。图 2-10 为 3D 打印的铸型。

图 2-10 3D 打印的铸型

3D 砂型打印技术是新工业革命的标志性技术之一,此技术用于铸造,可实现无模铸造,并且在铸造实践教学中取得了良好的效果。

2. 3D 蜡模打印案例

1)3D Systems 打印机介绍

本案例介绍的是 3D Systems 打印机 Projet MJP 2500 系列,此打印机是将 CAD 与 3D 打印技术有机结合而设计开发的一种数字化制造的综合技术。此系列打印机分辨率为 $1200 \times 1200 \times 1600$ DPI,建模体积为 $295\text{mm} \times 211\text{mm} \times 142\text{mm}$,$Z$ 轴分辨率的厚度为 $16\mu\text{m}$,成型材料为 VisiJet M2 CAST-100% 蜡,支撑材料为 VisiJet M2 SUW,无须手动处理的环保可溶性蜡。打印机非常适合对设计验证、功能测试和其他应用的模型进行高质量打印。图 2-11 为打印机结构图。图中 A 为打印引擎;打印引擎包括主要系统,如打印头、整平装置和紫外线灯

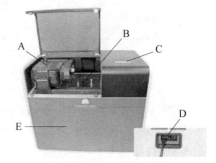

图 2-11 打印机结构图

装配件。B 为建模室：建模室是打印平台所在区域，所有打印作业都在打印平台上进行。C 为用户界面：允许用户与打印机交互的内置触摸屏，用户可通过触摸屏检查打印状态、材料级别并关闭打印机。D 为电源线和电源开关：将电源线插入此处。电源插座旁还有一个电源开关。E 为材料缸：MDM 舱是推/拉型装置。推动舱可使舱弹开，这样能够将其整个拉出，MDM 包括部件材料、支撑材料及废料袋。

　　2）3D Systems 打印机工艺过程

　　打印机通电后，先留出时间预热打印机和 MDM（材料缸）中的材料，再使用 MDM 舱并插入材料盒。如果未安装材料盒，或已安装材料盒但处于冷却状态，则先花费 20min 将材料传送系统预热到位，再插入或移除材料盒。在材料盒可以使用之前，状态屏幕将显示材料舱处于锁定状态，如图 2-12 所示。

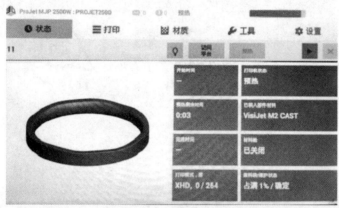

图 2-12　打印机预热

　　（1）启动软件。用于创建和发送文件以打印建模作业的软件称作 3D Sprint。本部分旨在介绍选择打印机、选择材料及进行第一次打印的相关程序。双击计算机上的 3D Sprint 图标，或从计算机加载的可用程序列表中进行选择。如图 2-13 所示。

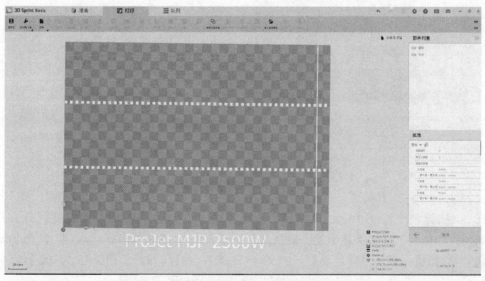

图 2-13　创建三维建模

（2）选择打印机和材料。选择用于打印部件的打印机，单击顶部的打印机，按钮将显示可用打印机的列表。在要使用的打印机上单击所需打印机（2a），然后选择下一步（2b），如图 2-14 所示。选择打印部件所需的材料，如图 2-15 所示，双击所需材料（3a），然后选择下一步（3b）。

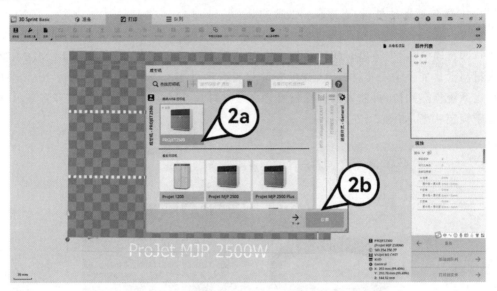

图 2-14　选择打印机

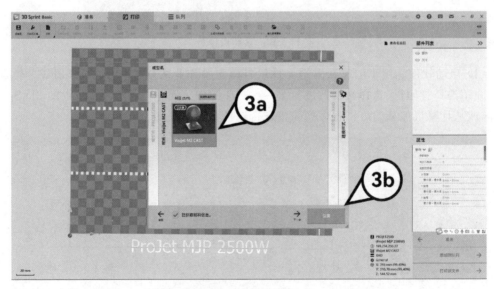

图 2-15　选择材料

（3）打印文件。如图 2-16 和图 2-17 所示，在打印设置选项卡选择"文件"|"导入"导入.stl 文件，导航至要打印的文件，然后单击打开，选择"自动放置"（4a）|"设置"（4b），选择"添加到打印队列"（6a），将显示验证消息框。单击文件名，确认文件正确后，选择"添加到队列"（6b），打印机会显示目前正要打印的文件，直接进行打印即可。图 2-18 为 3D 打印的蜡模模型。

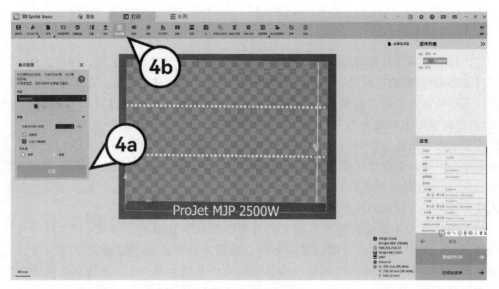

图 2-16　自动设置

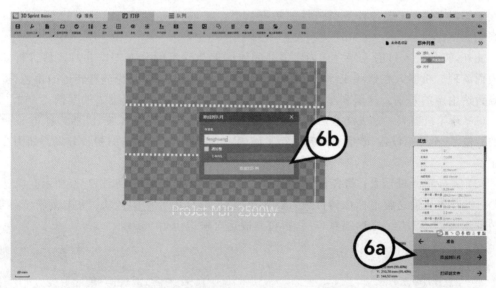

图 2-17　添加打印列表

图 2-18　3D 打印的蜡模模型

2.3.3 机器人浇注和打磨

铸件打磨是将铸件在铸造过程中产生的多余飞边毛刺及分型面去除。铸件在进行打磨工作时需要进行切、磨等作业,此过程中会产生大量粉尘及噪声,严重影响工人的身心健康,造成该工序从业人员职业病高发。由于劳动力成本日益增加及打磨过程恶劣环境对人体的伤害,铸件打磨招工难成为越来越多企业的一大难题,且用人成本逐年上升。同时,受工人熟练度及工作积极性等影响,打磨完成工件的质量参差不齐。由于传统人工打磨作业带来的各种安全风险和高强度作业压力,人工作业显然不再适合企业的长远发展,不符合未来工业自动化、智能化的发展趋势,阻碍打磨行业乃至整个生产线的发展,因此使用智能打磨机器人成为当前打磨行业的发展趋势。

与工业机器人相结合的智能打磨工艺与传统模式相比具有灵活性、智能性和成本效益等特点,已成为目前铸件打磨的主流方向。机器人打磨的基本原理是使用三维视觉扫描系统规划铸件打磨轨迹三维视觉扫描系统搭载于机器人关节臂,通过对铸件预定区域进行多视角扫描,得到该位置的点云数据,通过二次开发软件将最终位置信息传递给机器人,引导机器人进行轨迹规划及补偿,代替人工完成检查、定位、测量、识别等任务,可适用于多种工件,实现各种复杂铸件的精准打磨。机器人应用于打磨环节已经有不少成功案例。

此外,铸件进入打磨工序之前通常需要完成铸件与砂型的分离工作并对铸件进行基本的表面清理。机器人在这些工序环节中也可替代工人,在各工序间扮演着转运的角色,进而提高铸造生产的效率。这里列举部分在铸件打磨前端工序中使用机器人的案例。

(1)开箱机器人:完成浇注后的砂包经抽风输送线送至开箱区域,机器人抓取整个热烫的砂包,送至开箱设备,砂型被定制开箱叉破碎,实现砂型与铸铝件的初步分离。如图2-19所示。

(2)震砂单元机器人:将铸件送至震芯工位,再送至锯切工位,如图2-20所示。具体过程是:机器人从输送辊道抓取铸件放入震芯机,震松铸件内腔中的砂块;夹取翻转清砂后,将铸件送入锯切工位;锯切浇冒口后,再将其搬运至输送辊道。

图2-19 开箱机器人

图2-20 震砂单元机器人

(3)抛丸机器人:将铸件送至抛丸机内特定位置,取出并转运抛丸完成的铸件至辊道线,如图2-21所示。通过抛丸清理可初步清理铸件表面的黑色氧化皮及毛刺披缝等,进而提升铸件的外观质量。

（4）清理机器人：锯切浇冒口后的铸件毛坯上仍然有未清理的较大毛刺或者披缝，且这些毛刺、披缝位置相对固定，机器人抓取铸件并送至清理刀架，实现毛刺、披缝的高效率清理，如图 2-22 所示。

图 2-21　抛丸机器人　　　　　　　　　　　图 2-22　清理机器人

智能铸件打磨的产生极大满足了打磨行业增效降本的需求。未来机器人智能打磨将在装备、控制等领域进一步发展，应拓展对末端执行器的研究，总结不同材料工件所需的打磨机器人的特点，扩大机器人的应用领域。同时搭载更灵敏的传感检测及力控技术，提高机器人对未知工件的快速反应，规划最合理的打磨工艺，使打磨系统具备学习能力、推理决策能力和充分的适应能力，以进一步提高打磨效率，实现更全面的自动化打磨技术。

在铸造领域，浇注环节至关重要。铸造机器人浇注不仅具有卓越的可靠性、稳定性与安全性，更具有出色的速度、精度、运动范围及耐用性。铸造浇注机器人的引入可以快速提升生产效率，降低劳动力成本，并提高铸件的质量和标准化水平。铸造机器人浇注技术融合了自动化控制与精确浇注的精髓，能够在高温、恶劣的铸造环境下完美替代人工进行金属液的浇注作业，有效改善了工人的作业环境和安全性问题。机器人浇注系统由多个核心组件精密组合而成，包括执行机构、传感与控制系统、图像识别系统、动力系统、浇注系统及安全管控系统等。这一智能系统能够依据预设程序或实时传感器数据，对浇注速度、位置和金属液量进行精准操控，从而确保金属液准确无误地注入模具的预定位置。

机器人浇注可使浇注及凝固过程实现精准量化，保证铸件在批量生产时质量的均一性及可靠性。如在精密组芯中采用机器人浇注，机器人将完成抓取浇包，并运送至浇注口完成浇注等系列过程，如图 2-23 和图 2-24 所示。

图 2-23　精密组芯重力浇注单元　　　　　　图 2-24　精密组芯低压浇注单元

2.4　智能铸造教学实践

2.4.1　铸造模拟教学实践

案例设计分析：

本案例采用熔模石膏型精密铸造方法，首先利用 AutoCAD 软件绘制二维图如图 2-25 所示，涡轮机叶片外轮廓尺寸为 ϕ66mm，叶片内径为 ϕ44mm，铸件（涡轮机和浇注系统）总体重量为 237g。将二维图转换为三维图，导入 3D 蜡模打印机进行模型打印，然后进行蜡模组装，套上专用缸套，在真空状态下灌入石膏浆料，待浆料凝结后放入焙烧炉进行焙烧并进行脱蜡，最后在真空下浇注获得铸件。石膏型精密铸造工艺过程如下所示：

3D 打印蜡模→组装蜡模→灌石膏→硬化→脱模、焙烧→真空浇注→清理

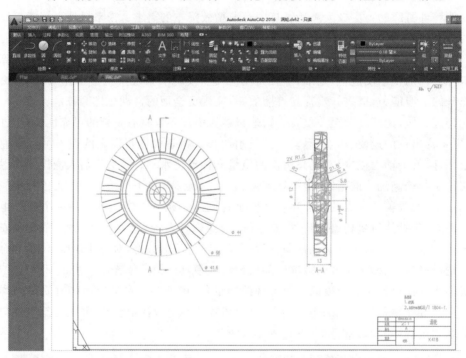

图 2-25　AutoCAD 叶片二维图绘制

工艺设计及模拟仿真：

1）工艺参数的选择

加工余量根据表 2-1 进行选择，将加工余量设为 0.8mm。

表 2-1　石膏型精密铸件加工余量　　　　　　　　　　　mm

加工面最大尺寸	加 工 量
100	0.8
100～300	1.0
300～500	1.5

熔模收缩率为 0.4%~0.6%、石膏型脱水收缩率为 0~0.5%、金属收缩率为 1.1%~1.3%时,综合线收缩率为 1.5%~2.0%。

2) 模拟仿真

本案例利用 AnyCasting 虚拟仿真软件进行前期模拟分析。将绘制好的叶片三维图直接导入 anyPRE 生成有限差分网格,再进行工艺参数设置,包括铸造工艺的选择、材料、边界条件、热流、浇口条件、不同的仪器和模型。本案例选用的铸造方法为熔模铸造,导入的STL 文件包括铸件、流道、浇口,对整个充型及充型前后的热/凝固都进行分析。浇注材料为 304 铸钢,液相线温度为 1454℃,固相线温度为 1399℃,保温材料选用石膏。由于石膏要经过焙烧保温一段时间才能进行浇注,所以初始温度设定为 630℃,浇注时间设定为 10s。anySOLVER 是 AnyCasting 基于有限差分法的三维流动和传热/凝固仿真求解器,可对收缩模型、表面张力模型、氧化夹渣、真空排气、粒子追踪等进行快速求解及分析。作为AnyCasting 的后处理器,anyPOST 通过读取 anySOLVER 中生成的网格数据和结果文件在屏幕上输出图形结果,可以通过二维和三维模型观察充型时间、凝固时间、等高线(温度、压力、速率)和速度向量,此程序具备动画功能,将模拟计算结果编辑为可播放文件,通过结果合并观察缺陷凝固。图 2-26 利用概率缺陷分析、模拟了凝固过程,并模拟出具体的充型过程。

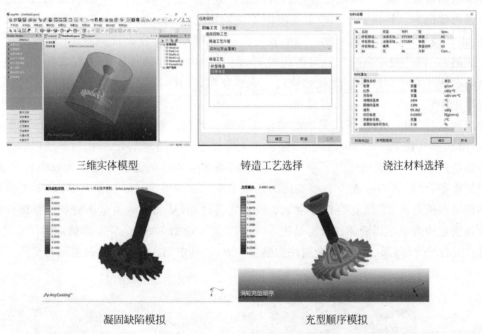

三维实体模型　　　　铸造工艺选择　　　　浇注材料选择

凝固缺陷模拟　　　　充型顺序模拟

图 2-26　叶片虚拟仿真过程

3) 石膏浆料配制、灌浆及焙烧

选择好石膏粉后,在浆料搅拌器中加入适量水(所用搅拌器为直径 130mm 的空心圆柱形桶),然后边搅拌边加粉料,待粉料加完后立即抽真空,并继续搅拌,真空度 30s 后达到规定值 0.05~0.06MPa,搅拌时间为 3~5min,搅拌转速为 250~350r/min。将灌好的石膏静置 1h,使其具有一定的强度,利用焙烧炉在 100℃进行脱蜡,脱蜡时间 1~2h,然后进行焙烧,焙烧的主要目的,一是去除蜡模和石膏中多余的水分,二是使石膏具有更高的强度。图 2-27 所示为灌浆、焙烧及常用的焙烧工艺。

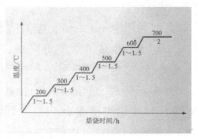

图 2-27　灌浆、焙烧及常用的焙烧工艺

4) 铸件缺陷分析

浇注后将石膏爆水得到最终的铸件,发现铸件表面有缺陷,进行缺陷分析。

缺陷 1:铸件表面出现球状物,如图 2-28 所示。第一,可能是水含量太低导致的,水太少,石膏浆料就会比较黏稠,在搅拌的过程中抽真空无法保证气体被完全抽出,气体抽不出去,石膏里面就会有空腔,所以在浇注的时候金属液体就会占据气体空腔的位置,最终出现这种球状的情况。第二,可能是包埋后石膏壁太薄导致的。第三,可能是石膏抽真空过程中真空泵出现问题。解决方案:一定要使用正确的粉水比例(100∶40)进行配制;保证设备完好,正常使用;浆料温度为 20~22℃较为合适,包埋周期不宜太长。

缺陷 2:铸件表面出现气孔且不完整,如图 2-29 所示。铸件表面出现气孔:首先可能是焙烧温度不合适导致的。气孔焙烧时一定要高温、慢速,高温是为了使蜡模完全气化,但是温度也不能太高,太高的话石膏很容易裂;也不能太低,太低会导致蜡不能完全气化,表面会出现这种气孔;其次可能是熔融的金属不纯导致的。解决方案:降低金属的熔融铸造温度,增加模具在 730℃焙烧的时间,保证最大焙烧温度不超过 730℃,再循环使用的合金含量不能超过 50%,且要确保其干净。铸件表面不完整:原因可能是熔融金属或模具太凉,首饰树制作不合理,焙烧过程没有将蜡或树脂烧干净。解决方案:增加铸造温度,如果熔融金属和模具温度过低,金属就会在完全充满模具之前冷却,从而导致铸造不完整;首饰树的设计应该满足使熔融金属液体比较容易进入,没有阻碍;增加 730℃条件下的焙烧时间;如果确定模具没有被烧坏,那么可能是金属注入模具中时,模具中仍存在一些未被去除的空气。

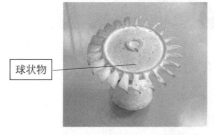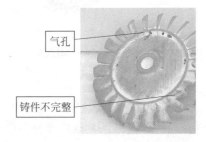

图 2-28　铸件表面出现球状物　　　　　图 2-29　铸件表面出现气孔且不完整

利用 MC100V 中频真空铸造机进行熔炼和浇注,熔融部分使用电磁感应加热,这种强电磁感应加热具有特别的优势,可以很快达到熔融温度。内壁有石墨涂层的坩埚的最高使

用温度为 1300℃,铁和铂用的陶瓷坩埚的最高使用温度为 2000℃。在金属熔融过程中,金属和模具均处于真空状态,倾斜整个腔室将熔融的金属倒入模具,此时模具内部也为真空状态,可以保证金属熔融液注入时不受空气影响。浇注材料为 304 不锈钢,浇注温度为 1200℃,加热功率为 P080(80%),使用铸造铁材料用的陶瓷坩埚。放好坩埚和模具,按两次 "Start"键开始加热和抽真空。达到完全真空 30s 后,将功率调节为 100%,总功率为 8000W,金属熔融后开始铸造。图 2-30 为最终生产出的完整铸件。

图 2-30　完整铸件

2.4.2　3D 精密铸造教学实践

3D 打印过程是首先生成一个产品的三维 CAD 实体模型或曲面模型文件,将其转换为特定的文件格式,再用相应的软件从文件中"切"出设定厚度的片层,或者直接从 CAD 文件切出片层。然后将上述每一片层上传至快速自动成型机,用材料添加法,加热喷头使其挤压在成型板上,逐层累积,直到完成整个模型。

1）蜡模的设计排版

蜡模制作常用的软件有 JewelCAD、3ZWorks 和 3ZAnlyze 3 种。JewelCAD 软件主要对文件进行设计排版、切片、测中工作;并对模型进行设计切片处理,在进行切片的过程中,以轴线为边缘,模型最边缘靠近轴线,较高的模型需摆放在一起,摆放顺序一般为由高到低,摆放角度一般为倾斜 30°,因为 3D 打印的工作原理是逐层堆积的,当第 N 层与第 $N+1$ 层在水平方向(X 方向)与层厚方向(Z 方向)的变化相差过大时,便会产生明显的阶梯纹,所以打印过程产生的阶梯纹与模型的形状和摆放角度是有一定关系的。检查无误排版完成后,生成 SLC 格式文件。具体布置如图 2-31 所示。

2）蜡模切片

将 SLC 文件拖入 3Zworks 软件,进行分层切片,一般多分为两层,无须添加冷却,单击 "OK"按钮完成分层操作,生成 3ZX 格式打印文件,如图 2-32 所示。

3）切片缺陷分析

将 3ZX 文件拖入 3ZAnlyze,检查打印过程中常出现的问题,裂痕、断层等,如图 2-33 所示。如没有问题,使用 U 盘复制 3ZX 文件,用 Solidscape 打印机进行打印。

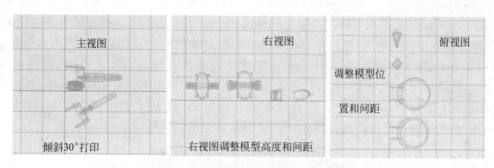

图 2-31　蜡模摆放角度与摆放位置的设定

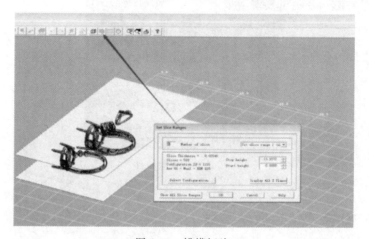

图 2-32　蜡模切片

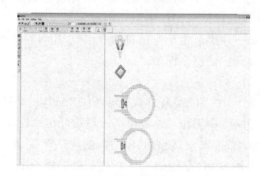

图 2-33　切片缺陷分析

4）蜡模的清洗、组装及灌浆

首先将打印好的蜡模用 JF-956A 微电脑加热平台进行工件取板,加热温度一般设置为 90℃,将打印完成的蜡模成型台放在加热平台上,待工件底部略微溶化,用 A4 纸或其薄片工具将蜡模托起,放入 ZNCL-BS 智能磁力搅拌器上的 VSO 溶液中进行溶蜡,溶化完成的工件可能还残留废料粉尘,清洗干净即可。

其次将清洗完成的多个蜡模按照螺旋状的方式通过电烙笔焊接在蜡树上,有助于铸造后样品的切断分离。

最后对焊接好的模样簇进行灌浆,制备模具的过程中石膏粉末与水按照一定比例混合,搅拌一段时间后变为浆料,将其倒入模具壳。一般将石膏倒入开口的钢套,在真空状态下静置一段时间,消除其中的气泡。

根据包埋材料的不同选择石膏粉与水的比例:如果一种工艺制造给出的粉水比为 37/100~39/100,产品为丝状结构,则使用 39/100;如果铸件为普通结构,则使用 37/100。对于标准设备的模具,如果使用石膏包埋,则使用 100/40 的粉水比;如果使用磷酸盐进行包埋,则使用 100/35 的粉水比。

5)确定模具烧结周期工艺

包埋工艺后进行烧结工艺。将模具放入烧结炉,取下橡胶垫,以便蜡模完全气化。

石膏的烧结工艺通常分为 3 个阶段。

阶段一:去除蜡模和石膏中剩余的水分

这个阶段应比较温和地进行,防止石膏遭到损坏。对于 MC15+设备,较小的模具建议经 120min 升温至 300℃(大约 2.5℃/min);较大的模具建议经 120min 升温至 150~180℃。

阶段二:模具的烧结

烧结过程中石膏单个粒子聚集在一块,具有更高的强度。石膏模需要在 730℃下焙烧,从 300℃起,通过 4℃/min 的升温速率,大约 2h 升至 730℃。

阶段三:使盅的温度保持在铸造温度

当炉温达到铸造温度时,使盅在此温度下继续保持 30~60min(盅越大,保持的时间越长),以保证盅内外温度相同。图 2-34 所示为温和的焙烧工艺。

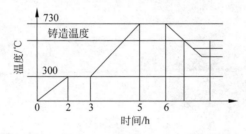

图 2-34　温和的焙烧工艺

6)铸造温度的确定

根据反复多次实验,通过分析得出不同模具使用的不同铸造温度,发现铸造温度主要取决于合金类型和铸造类型,薄的、精细的需要较长的浇注速度,高熔点的需要较高的浇注温度,较重的大块模具和熔点较低的金属需要较低的铸造温度。不同种类模具温度如表 2-2 所示。

表 2-2　不同种类模具温度　　　　　　　单位:℃

金　　属	温　　度			
	熔点	片薄	中等	片厚
铝	720	300	250	200
925 银(silver 925)	980	650	600	400~600
黄金 14ct(yellow gold 14 ct)	950	620	600	400~600
黄金 18ct(yellow gold 14 ct)	1050	620	600	400~600
白金 18ct(white gold 18 ct)	1150	620	600	400~600
白金-钯 18ct(white gold 18 ct Pd)	1300	650	630	400~600

7）铸造后处理

大多数金、银、钯、铂等合金的铸造件为了去除铸件树上残留的树脂或氧化物，可以在浇注冷却240s后立即进行抛光打磨；对于石膏包埋的件，使用布轮抛光即可；对于磷酸盐包埋的件，最好使用刚玉打磨。图2-35为学生最终产品。

2.4.3　机器人浇注教学实践

在铸造实践教学环节，将消失模铸造与机器人浇注相结合（图2-36），从而实现铸造实践教学的自动化及智能化转型。不仅为学生提供接触和了解铸造行业尖端技术的宝贵机会，还能极大地提升实践教学的层次和前瞻性。通过亲手操作铸造浇注机器人，可使学生更深入地理解机器人技术的内涵及其在现代工业生产中的关键作用，真正将理论与实践相结合，进而提升综合素质和工程能力。

图2-35　学生最终产品

图2-36　消失模铸造教学系统

1. 消失模铸造实践教学

消失模铸造是将高温金属液浇入包含泡沫塑料模样等的铸型内，模样受热逐渐气化燃烧，并从铸型中消失，金属液逐渐取代模样所占型腔的位置，从而获得铸件的方法，也称为实型铸造。

消失模铸造工艺起源于20世纪60年代，并在80年代得到迅速发展。消失模铸造与传统的砂型铸造有着显著的区别。首先，其使用的模样是由特制的可发泡聚苯乙烯（EPS）珠粒制成的。这种泡沫塑料的密度小，当温度达到大约570℃时会迅速气化和燃烧，残留物极少。其次,模样并不从铸型中取出,而是直接由金属液体取代。最后,铸型通常采用无黏结剂和附加物的干态石英砂,并通过振动紧实而成。对于单件生产的中、大型铸件,也可采用树脂砂或水玻璃砂按常规方法进行造型。当成批大量生产中小铸件时,消失模铸造工艺过程如图 2-37 所示。这种方法不仅提高了生产效率,还大大提升了铸件的质量和精度。

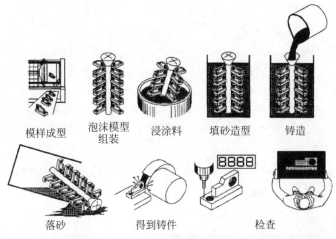

模样成型　泡沫模型组装　浸涂料　填砂造型　铸造

落砂　得到铸件　检查

图 2-37　消失模铸造批量化生产工艺

消失模铸造实践教学案例——学生个人作品设计制作过程

本案例将数控电火花线切割教学思路融入消失模铸造数控泡沫切割机演示环节,将学生设计的复杂图形通过扫描仪扫描,再经过简单的格式转化和处理,便可进行加工,在一定程度上激发学生设计图形的兴趣。这样在保证整个教学演示过程基本完整的基础上,有效缩短教学时间,达到让学生动手操作数控泡沫切割机、完成泡沫模型加工的教学目的。教学环节具体流程如下。

(1)扫描图形。将设计好的图形放入扫描仪,将图形扫描出来,形成 TIF 格式文件,如图 2-38 所示。

(2)用 Photoshop 软件进行修饰。将扫描完成的图形传输至 Photoshop,利用 Photoshop的灰度功能,用油漆桶将用灰度完成的整个图形涂黑,最后将修改完成的图形保存为 TIF格式文件,如图 2-39 所示。

图 2-38　扫描图形

图 2-39　用 Photoshop 软件进行修饰

(3)用 Wintopo 软件对图形进行矢量化。利用 Wintopo 软件打开 Photoshop 修改完成的图形,再利用一键矢量化功能将图形矢量化,最后存储为 WMF 格式文件,如图 2-40 所示。

图 2-40　用 Wintopo 软件对图形进行矢量化

（4）用 CAXA 软件进行图形修改。将 Wintopo 软件矢量化后的存储文件用 CAXA 软件打开，对图形做进一步细小环节的修改，使整个图形符合最后切割的需求，如图 2-41 所示。

（5）用切割软件进行泡沫切割。将 CAXA 修改完成的图形导入设备自带的切割软件，进行泡沫切割加工，图 2-42 为切割完成的泡沫作品。

图 2-41　用 CAXA 软件进行图形修改

图 2-42　切割完成的泡沫作品

现有数控泡沫切割机演示教学环节提高了设备的使用功能，缩短了教学时间，有效激发了学生的学习兴趣。

消失模铸造实践教学案例——学生团队作品设计制作过程

（1）学生以团队的形式进行泡沫模型的构思与设计。

（2）利用泡沫切割机、电烙铁、锉刀、电烙铁等工具实现泡沫模型的制作，然后用黏结的方法组合成整体泡沫模型，该工艺路线可充分体现消失模铸造工艺性的灵活性，团队协作制作泡沫模型如图 2-43 所示。

图 2-43　团队协作制作泡沫模型

（3）进行模型浸涂与烘干，把模型浸入耐火涂料中，然后在 30～60℃的空气循环烘炉中干燥 2～3h。

（4）造型及浇注烘干后，将模型簇放入砂箱，填入干砂振动紧实，紧实过程中通过同时抽真空操作确保模型簇内部空腔位置和外围的干砂都得以紧实。紧实后的铸型就可进行熔炼浇注操作。

（5）落砂清理浇注之后，铸件在砂箱中凝固和冷却，然后进行落砂。落砂为底泄式落砂，使铸件与松散的干砂分离。随后对铸件进行清理、打磨等工序，如图 2-44 所示。

图 2-44　铸件及后处理作品

2. 机器人浇注在消失模铸造实践教学中的应用

下面介绍消失模铸造在齿轮箱工艺中的实践案例。以齿轮箱为例，先在聚苯乙烯珠粒预发泡之前加入虚拟仿真进行模拟，然后通过聚苯乙烯珠粒预发泡、板材黏结、刷涂料及涂料烘干、填砂振动抽真空、浇注液态金属、落砂等工序后得到铸件（图 2-45）。将模拟结果与铸件对比，发现最终的铸件表面黏砂严重，且伴有少量针孔，分析其原因可能是涂料问题。消失模铸造涂料与砂型铸造的一个显著不同是将涂料涂刷在消失模表面，而不是铸型的型腔表面，涂料的主要作用是防止铸件表面黏砂，提高消失模的表面强度和刚度，防止造型时产生变形。在涂料使用过程中，要求能很好地黏附在气化模表面，干燥后不分层、不剥落。此次使用的涂料为水基涂料，涂料的烘干时间较长，悬浮性和涂挂性都较差，所以铸件表面黏砂较为严重。

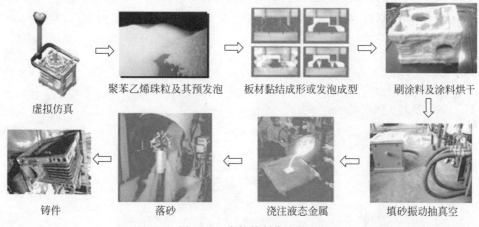

虚拟仿真　　聚苯乙烯珠粒及其预发泡　　板材黏结成形或发泡成型　　刷涂料及涂料烘干

铸件　　落砂　　浇注液态金属　　填砂振动抽真空

图 2-45　齿轮箱制作流程

为了防止铸件表面黏砂,提高模样的表面强度和刚度,防止造型时产生变形,重新选用了一种悬浮性及涂挂性能比较好的树脂系快干涂料,并将制好的聚苯乙烯泡沫模型用毛刷涂刷两遍以保证其均匀。通过实际铸造验证发现确实是涂料环节出现了问题。图 2-46 所示为重新铸造所得的齿轮箱铸件。

图 2-46　齿轮箱铸件

在消失模铸造实践教学的浇注环节,安排学生了解铸造浇注机器人的基本结构、工作原理及操作方法。铸造浇注机器人根据学生预设的程序,自动完成浇注操作。通过精确控制浇注速度和流量,确保铸件的质量稳定,减少人为因素造成的误差。通过实际操作,使学生掌握机器人的离线编程和图像识别定位等,并结合企业实际生产案例,分析铸造浇注机器人在消失模铸造中的应用效果。通过比较传统浇注方式与机器人浇注方式的差异,使学生深刻理解自动化、智能化技术在铸造行业中的重要作用。

第 3 章

智能化焊接

3.1　焊接工艺的概述

焊接是现代工业生产中广泛应用的一种金属连接方法。它是指通过加热或加压(或两者并用),并使用(或不使用)填充材料,使焊件形成原子(分子)间结合的一种连接方法。

近半个世纪以来,随着近代物理、化学、材料科学、机械电子、计算机等学科的发展,焊接技术已取得令人瞩目的进展,成为制造业中不可缺少的基本制造技术之一。特别是近年来随着计算机及自动化技术的渗透,焊接技术已经发展成为具有一定规模的机械化、自动化并具有少量智能化焊接的独立加工领域。焊接技术几乎运用一切可以利用的热源,其中包括火焰、电弧、电阻、摩擦、等离子、激光等,历史上每一种热源的出现,都伴随着新焊接工艺的出现,并推动焊接技术的发展,至今焊接热源的研究与开发仍未终止,新的焊接技术和工艺不断涌现,焊接技术已经渗透到国民经济的各领域。

随着工业和科学技术的发展,焊接技术不断进步。提高焊接生产率的途径主要有以下三种:一是提高焊接速度;二是提高焊接熔敷效率;三是减小坡口断面和熔敷金属量。为了提高焊接生产率,焊接工作者从提高焊接熔敷效率和减少填充金属两方面作出了很多努力。例如,在熔化极气体保护焊中采用电流成形控制或多丝焊,使焊接速度从 0.5m/min 提高到 1~6m/min;在窄间隙焊接中,利用单丝、双丝或三丝进行焊接,使需要的熔敷金属量降低。

数十年以来,焊接技术与其他科学技术一样快速发展,激光、电子束、等离子及气体保护焊等焊接方法的出现,以及高质量、高性能焊接材料的不断发展和完善,几乎使所有的工程材料都能实现焊接。而且焊接自动化迅速发展,自动化的生产方式在很多工业部门代替了手工焊接生产方式。在各种焊接技术及系统中,以电子技术、信息技术及计算机技术综合应用为标志的焊接机械化、自动化、智能化及焊接柔性制造系统是信息时代焊接技术的重要特点。实现焊接产品制造的自动化、柔性化与智能化已成为必然趋势。采用机器人焊接已成为焊接自动化技术现代化的主要标志。焊接机器人由于具有通用性强、工作可靠的优点,受到越来越多的重视。在焊接生产中采用机器人技术,可以提高生产率,改善劳动条件,稳定和保证焊接质量,实现小批量产品的焊接自动化。

焊接柔性制造系统(单元)是信息时代焊接技术的典型代表。一般情况下,它由焊接机器人、先进焊接电源、离线编程计算机辅助设计(computer aided design,CAD)系统、工装机械系统等组成,如图 3-1 所示。焊接机器人具有比其他机器人更高超的能力,除能进行正常行走及搬运外,还能自动跟踪焊接电弧轨迹,防止电弧及烟尘的干扰。

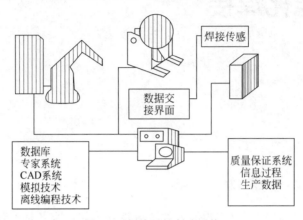

图 3-1　焊接柔性制造系统

焊接机械化、自动化系统采用的焊接电源均具有良好的动特性,大多采用以先进电子元器件及电子技术开发生产的焊接设备,如绝缘栅双极晶体管(insulated gate bipolar transistor,IGBT)逆变式焊接电源等。焊接方法大多采用焊接质量高、生产率高的方法,如自动或半自动熔化极惰性气体保护电弧焊(melt inert-gas arc welding,MIG)/熔化极活性气体保护电弧焊(metal active gas arc welding,MAG)、非熔化极惰性气体钨极保护焊(tungsten inert gas welding,TIG)及埋弧焊等。

离线编程 CAD 系统可使焊接过程的编程自主进行,并能对整个焊接过程的大部分动作进行模拟试验而不依赖于整个柔性系统。焊接是一个多变量的复杂过程,在焊接过程中也会产生热变形等其他变量,因此,很多用于预测这类变量情况的焊接工程软件应运而生,用于分析计算焊接过程的众多变量。这类软件在离线编程 CAD 系统中得到了广泛应用。工装机械系统主要实现焊接产品的装配、变位和焊接等功能,包括焊接变位器、焊接操作机、滚轮架、回转台及翻转机等,也包括实现焊接产品自动运输的辅助工装设备等。

由于焊接制造工艺具有复杂性且焊接质量要求严格,而焊接技术水平和劳动条件往往较差,因而焊接过程的自动化、智能化格外受重视,实现智能机器人焊接成为几代焊接工作者追求的目标。

3.2　智能化焊接技术

3.2.1　智能焊接概述

智能焊接是将现代智能化技术与传统焊接工艺相结合的先进焊接技术,通过在焊接加工系统中采用焊缝寻位、视觉跟踪、参数化编程等功能技术,并引入人工智能(artificial intelligence，AI）与智能数据库，实现焊接参数的智能调整、优化及焊接质量的自动检测，以提高焊接效率、质量和稳定性。智能焊接具有如下优点。

（1）焊接过程的实时监控：通过计算机技术和传感器，实时收集和处理焊接过程中的数据，确保焊接质量和稳定性。

（2）精确控制：利用计算机分析和控制技术，对焊接电流、电压、速度等参数进行精确控制，提高焊接质量。

（3）信息化管理：通过远程通信技术和网络，对焊接加工过程、质量信息、生产管理等信息进行一体化管理，实现生产过程的智能化控制。

（4）提高生产效率：智能焊接技术可以减少人为因素对焊接过程的影响，提高生产效率和降低成本。

（5）灵活性：智能焊接技术可以针对不同的焊接任务和材料，自动调整焊接参数，实现多种焊接方法的应用。

（6）安全性：智能焊接技术可以实时监测焊接过程中的异常情况，并采取相应措施避免事故发生，提高生产安全性。

智能焊接技术的应用主要体现在以下方面。

（1）焊接过程智能监控：通过计算机技术、传感器技术和工业以太网技术等，实时监测焊接过程中的参数，如焊接电流、电压、速度等，并对这些数据进行分析和处理；根据分析结果，对焊接过程进行精确控制，以提高焊接质量和工作效率。

（2）智能焊接机器人技术：利用机器人技术实现焊接自动化，通过编程控制机器人完成焊接任务。焊接机器人可以适应各种复杂的焊接环境，提高焊接效率和质量，减少焊接事故的发生。

（3）焊接工艺智能优化：通过计算机模拟和优化算法，对焊接工艺进行智能化调整，以实现焊接过程的节能减排和高效率。计算机模拟可以帮助工程师快速确定最优焊接参数，提高焊接质量。

（4）焊接质量智能检测：利用无损检测技术、计算机视觉技术等，对焊接质量进行实时监测和评价。这些技术可以准确地检测焊接缺陷，如裂纹、气孔等，并实时调整焊接参数，以确保焊接质量。

（5）焊接设备智能诊断与维护：通过远程监控、数据分析和故障诊断等技术，对焊接设备进行智能化维护和管理。这有助于提前发现设备的潜在故障，缩短停机时间，降低维修成本。

（6）焊接生产与管理智能化：利用物联网、大数据、云计算等技术，将焊接生产过程与管理环节紧密结合。通过对焊接生产过程中的大量数据进行分析，实现生产过程的优化调度、质量控制和成本管理。

智能焊接技术已在智能工程机械、汽车工业、重工制造、通用设备制造业、专业设备制造业等行业得到广泛应用，提高了生产效率，降低了能耗，有助于实现绿色制造和智能制造。表 3-1 为常用智能焊接技术的应用。

表 3-1　常用智能焊接技术的应用

智能焊接技术应用	焊缝寻位	(1) 能按照焊件任务,选择传感焊缝寻位方式
		(2) 能按照焊接任务,正确设定机器人传输控制协议(transmission control protocol,TCP)
		(3) 能按照焊接任务,分配寻位传感器输入/输出(input/output,I/O)信号
		(4) 能按照焊接任务,设定寻位功能和坐标系
		(5) 能按照焊接任务,优化、修正寻位程序
	电弧跟踪	(1) 能按照焊接任务,设定工具坐标系
		(2) 能按照焊接任务,设定电弧跟踪条件
		(3) 能按照焊接任务,选择电弧跟踪方式
		(4) 能按照焊接任务,优化、修正电弧跟踪程序
	多层堆焊	(1) 能按照焊接任务,设置多层堆焊功能
		(2) 能按照焊接任务,进行不带电弧跟踪的多层堆焊编程
		(3) 能按照焊接任务,进行带电弧跟踪的多层堆焊编程
		(4) 能按照焊接任务,优化、修正多层堆焊程序
	激光视觉跟踪	(1) 能按照焊接任务,选配视觉跟踪系统组件
		(2) 能按照系统要求,进行系统硬件连接安装
		(3) 能按照系统要求,进行系统软件安装设置
		(4) 能按照焊接任务,进行系统调校及参数设置
		(5) 能按照焊接任务,选择寻位方式
		(6) 能按照焊接任务,调节寻位参数
		(7) 能按照焊接任务,优化寻位程序

3.2.2　智能焊接关键技术

智能化焊接的发展方向在于,进行焊接作业时能够智能化、智慧化地模拟人的日常行为动作完成焊接任务。实现智能化焊接,要有智能机器人,还要实现视觉、力觉、触觉等先进技术与焊接工艺的融合。智能焊接主要解决的痛点包括降低操作者难度和强度,降低待焊部件的精度和一致性要求,以及保证焊接质量的追溯三个方面。焊缝视觉跟踪技术就像人类的眼睛,可通过视觉跟踪器矫正工件的尺寸、装配误差、夹具定位误差、变位器的误差等引起的焊缝位置偏移,智能焊接机器人的示意图如图 3-2 所示。本节对智能机器人技术、数字孪生仿真技术、3D 免示教焊接编程技术、激光焊缝跟踪技术、智能焊接云管理技术进行介绍。

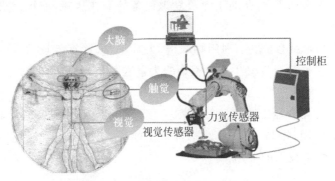

图 3-2　智能焊接机器人的示意图

1. 智能机器人技术

智能机器人在智能焊接技术中起着关键性作用,是实施智能化焊接作业的重要执行工具。智能机器人的出现迅速得到焊接工业界的热烈响应,其主要组成如图 3-3 所示。目前,全世界的机器人中有约 50% 用于焊接技术。焊接机器人最初多应用于汽车工业中的点焊生产流水线,近年来又拓展到弧焊领域。机器人虽然是一种高度自动化的装备,但从自动控制角度看,它仍是一个程序控制的开环控制系统,因而不可能根据焊接时的具体情况进行适时调节,为此智能化焊接成为当前焊接发展的重要方向之一。

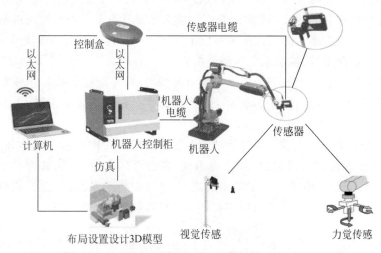

图 3-3　智能机器人的主要组成

从 20 世纪 60 年代焊接机器人诞生到现在,焊接机器人的发展经历了以下阶段。

(1) 示教再现型机器人。这是焊接机器人的初期阶段,操作简单,不具备自主学习能力。焊接机器人通过示教方式学习焊接路径和焊接参数,然后按照预设的程序进行焊接作业。这种类型的焊接机器人适用于简单的焊接任务,但在复杂工况下表现有限。

(2) 智能焊接机器人。在这个阶段,焊接机器人开始具备自主学习能力和适应性。通过采用先进的传感器、控制系统和高性能计算平台,智能焊接机器人能够实时感知环境变化,调整焊接参数和路径,以提高焊接质量。此外,智能焊接机器人还可以通过与其他机器人和自动化系统协同工作,实现更高效的焊接生产线。

(3) 集成焊接系统。这一阶段的焊接机器人将多个焊接机器人与其他自动化设备紧密结合,形成一条高度集成、高度自动化的焊接生产线。这种集成焊接系统可以实现多机器人协同作业,提高生产效率和焊接质量。同时,集成焊接系统还可以与其他计算机辅助制造(computer aided manufacturing,CAM)系统、制造执行系统(manufacturing execution system,MES)等信息化平台无缝对接,实现焊接生产全过程的数字化管理。

(4) 绿色焊接机器人。未来绿色焊接机器人将更注重环保和能源效率。通过采用节能焊接技术、绿色材料和清洁能源减小对环境的影响,提高焊接过程的可持续性。此外,绿色焊接机器人还将与其他绿色制造技术和智能工厂系统结合,构建绿色、低碳、高效的现代化制造业体系。

总之,焊接机器人的发展经历了从简单示教到智能焊接,再到集成焊接系统和绿色焊接机器人的逐步演进。随着技术的不断创新,焊接机器人在提高焊接质量、提高生产效率和降低环境影响等方面将发挥越来越重要的作用。

　　1) 焊接机器人的构成及原理

　　焊接机器人系统是融合焊接工艺、机械设计、识别和传感技术、自动控制、信息采集和处理、人工智能等多学科而形成的高新应用技术,主要解决工业制造中以焊接工艺为主的自动化装备问题。它具有满足焊接需求、实现半自动化或自动化、信息化和智能化、焊接质量控制和检测等基本功能。根据需求,系统还会辅助上下游工序的自动化和智能化。

　　焊接机器人与一般的工业机器人不同,它不仅需要满足焊接工艺的基本动作要求,还要求具有焊接专用软件和其他应用软件;弧焊机器人还要具有整个焊缝轨迹的精度和重复精度、跟踪功能、适应较为恶劣的工作环境和抗干扰能力。焊接机器人和多关节工业机器人一样,由执行系统、驱动系统、控制系统等部分组成。

　　焊接机器人是具有三个或三个以上可自由编程的轴,并能将焊接工作按要求送到预定空间位置,并按要求轨迹及速度移动焊接工具的机器。它包括弧焊机器人、激光焊接机器人、点焊机器人等。

　　焊接机器人主要包括机器人和焊接设备两部分。机器人由机器人本体和控制柜(硬件及软件)组成。而焊接装备,以弧焊和点焊为例,则由焊接电源(包括其控制系统)、送丝机(弧焊)、焊枪(钳)等部分组成。对于智能机器人,还应有传感系统,如激光或摄像传感器及其控制装置等。图 3-4(a)、(b)表示弧焊机器人和点焊机器人的基本组成。

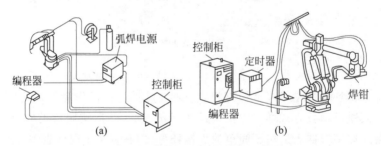

图 3-4　焊接机器人的基本组成

(a) 弧焊机器人;(b) 点焊机器人

　　点焊机器人由机器人本体、计算机控制系统、示教盒和点焊焊接系统组成。为了适应灵活动作的工作要求,通常点焊机器人选用关节式工业机器人的基本设计,一般具有 6 个自由度,包括腰转、大臂转、小臂转、腕转、腕摆及腕捻。在驱动方式上,点焊机器人既可采用液压驱动,也可采用电气驱动。其中,电气驱动以其保养简便、能耗低、速度快、精度高及安全性出色等优点广受欢迎。点焊机器人按照示教程序规定的动作、顺序和参数进行点焊作业,其过程是完全自动化的,并且具有与点焊机器人专用的点焊钳部设备通信的接口,可以通过这一接口接受上一级主控与管理计算机的控制命令进行工作。

　　弧焊机器人的组成和原理与点焊机器人基本相同。20 世纪 80 年代中期中国研制出"华宇-Ⅰ型"弧焊机器人。一般的弧焊机器人是由示教盒、控制盘、机器人本体及自动送丝装置、焊接电源等部分组成,可以在计算机控制下实现连续轨迹控制和点位控制,还可以利用直线插补和圆弧插补功能焊接由直线及圆弧组成的空间焊缝。弧焊机器人主要包括熔化极焊接作业和非熔化极焊接作业两种类型,具有可长期进行焊接作业、保证焊接作业的高生产率、高质量和高稳定性等特点。随着技术的发展,弧焊机器人正向着智能化方向发展。智能型机器人不但有感知能力,还具有推理、记忆、故障自我诊断及修复能力,能完成更复杂的动作。

实际应用于生产的焊接机器人系统,除机器人单体外,还包括外部控制电路、变位行走装置、抬高座、工作台、工装夹具及周边配套设施等非标准设备。焊接机器人单体由机器人和焊接电源组合而成,通常由标准件构成(图3-5)。机器人本体一般为伺服电机驱动的6轴关节式机器人,它由驱动器、传动机构、机械手臂、关节及内部传感器等组成,主要任务是精确地保证机械手末端(焊枪)要求的位置、姿态和运动轨迹。

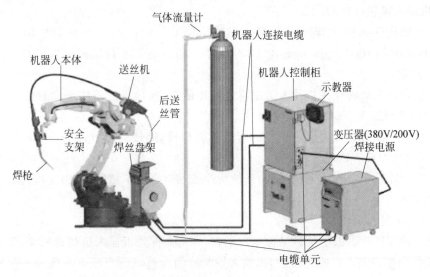

图 3-5　焊接机器人单体的构成

2) 焊接机器人系统集成应用技术现状

目前,简单的焊接机器人系统集成相对比较成熟,应用案例也非常多,特别是汽车制造业中的车身点焊机器人焊接技术。弧焊机器人系统集成在以下方面都有较快的发展和应用:焊接路径规划和自适应跟踪技术、专用数字化焊接电源技术及焊接参数自调节技术(专家系统)、离线编程及遥控技术、多机器人协调控制技术、机器人控制系统和外部轴适应技术、自动化焊接过程的信息采集技术等。

焊接路径规划是焊接过程的重要环节。在进行焊接路径规划设计时,主要有三种方法。

(1) 离线编程法。该方法利用交互式的三维图形软件创建更适合的模拟环境,并进行虚拟动作演示。技术人员通过对虚拟动作演示的分析与研究,制定科学的焊接方法。离线编程法制定的焊接路径自动化技术水平高,能减少资金的投入。但需注意,该方法制定的焊接路径可能出现与实际生产要求不符的问题,技术人员需加强对焊接工作的观察,及时发现问题并进行调整,以保证焊接工作的顺利进行。

(2) 在线自主编程法。该方法利用视觉传感器辨别焊缝,实现三维图形的焊接,实现在线自主计划的目标。通过在线自主编程法,可以有效降低人工焊接造成的安全事故,提升机器人焊接过程的智能化水平。技术人员通过对在线自主编程法的不断研究,减少其使用过程中出现的焊缝定位错误问题。因此,该方法的应用越来越广泛,也更符合常规焊接的要求。

（3）手工演示法。该方法是指由工作人员进行手动操作,完成对焊接轨迹的控制。此时焊接路径的规划适应能力更强,灵敏度更高,而且操作更简单,因此应用十分普遍。但是由于该方法需要人工进行操作,因此对整体路径规划的精准度有一定的影响,可能会缩小焊接机器人的应用范围。

为了满足不同行业和不同焊接任务的需求,机器人焊接正朝着多机器人联动的方向发展。焊接材料趋向于焊接薄板、超薄板及复合材料,焊件逐渐转向焊接厚板、大构件,而焊接质量则追求整体高效、高质量发展。

3）机器人焊接存在的问题

（1）智能化和柔性化程度还不高。焊接结构 CAD 导入、焊接计算机辅助工艺设计（computer aided process planning,CAPP）和焊接应力不变形数值模拟软件有待进一步研发和应用验证。

（2）国内自主品牌焊接机器人关键零部件还依赖进口,目前使用寿命只能达到 5000～8000h,与国外机器人 50000h 比差距太大。

（3）目前机器人焊接大多为单枪、单丝、单弧焊接,焊接效率方面和人工相比优势不明显,机器人高效焊接有待研发推广。

（4）中国除轿车制造工艺精细外,其他行业普遍钣金加工精度不高,这增加了使用机器人焊接技术难度。

4）焊接机器人示教

（1）示教方法。①把手示教又称全程示教,即由人握住机器人机械臂末端,带动机器人按实际任务操作一遍。在此过程中,机器人控制器的计算机逐点记下各关节的位置和姿态值,而不做坐标转换,再现时再逐点取出。这种示教方式需要很大的计算机内存,而且由于机构的阻力,示教精度不可能很高。目前只用于喷漆、喷涂机器人。②示教盒示教由人通过示教盒操纵机器人进行示教,这是最常用的机器人示教方式,目前焊接机器人都采用这种方式。③离线编程示教无须人操作机器人进行现场示教,而是根据图样在计算机上进行编程,然后输入机器人控制器。它具有不占机器人工时、便于优化和更安全的优点,所以是今后的发展方向。

（2）示教盒。图 3-6 为焊接机器人的示教盒,它通过电缆与控制箱连接,人可以手持示教盒在工件附近最直观的位置进行示教。示教盒本身是一台专用计算机,它不断扫描盒上的功能和数字键、操纵杆,并将信息和命令送至控制器。各厂家的机器人示教盒不同,但其追求的目标都是方便操作者。示教盒上的按键主要有三类:①示教功能键,如示教/再现、存入、删除、修改、检查、回零、直线插补、圆弧插补等,为编程示教用;②运动功能键,如 $X\pm$ 移动、$Y\pm$ 移动、$Z\pm$ 移动、关节 $\pm$ 转动等,为操纵机器人示教用;③参数设定键,如各轴速度设定、焊接参数设定、摆动参数设定等。

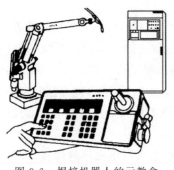

图 3-6　焊接机器人的示教盒

智能化焊接关键技术旨在通过焊接前的规划、编程、配置,焊接过程中的跟踪、监测、控制及焊接后的检测、溯源、评价等技术手段,提高焊接质量,降低焊接成本,提高生产效率。

结过多年发展,目前焊接机器人技术在技术层面和自动化程度等多方面都取得了显著进步。未来焊接机器人也会继续朝着智能化发展,更具灵活性并注重人机合作。在智能化方面,首先,通过 AI 算法自动识别材料、接头类型和工艺要求,生成最优化的焊接路径和参数,实现焊接过程的实时监控和调整,提高焊接质量和稳定性;其次,将 5G 技术应用于焊接智能制造,5G 技术的到来解决了制造行业的连接问题,为工业制造带来了全新的可能,推动智能制造新范式的形成;最后,人机协调柔性化合作也是一大方向,焊接协作机器人搭载安全传感器,更方便焊接过程中的人机协作,进而提高生产效率和操作安全性。

2. 数字孪生仿真技术

智能化焊接中的焊接过程会涉及几何学、运动学、动力学等中的许多参数,因此焊接前需要进行大量高难度的设计和实验。若对智能化焊接的机械臂进行虚拟仿真,使用 CAD 技术和计算机仿真技术将焊接过程以动画方式表现出来,并结合相应的几何学、动力学等多次实验,就能找出并解决实际操作中可能出现的问题。目前在智能化焊接中,Unity3D 在虚拟仿真与人机交互方面发挥着重要作用。机器人模型向工作人员反馈机器人的位置与姿态,人机交互界面负责机器人的运动信息反馈和机器人的控制,人再通过人机交互界面对焊接机器人实施远端操作,从而达到人机交互。在复杂、恶劣的环境中将远端焊接机器人与虚拟现实相结合并实施人机交互,既能保证焊接工人的安全,又能高效地完成焊接作业。

随着计算机、微电子技术的快速发展,计算机因其普遍、易操控、计算快等特点,成为智能化发展的一个重要方向。焊接机器人从以往较传统的控制器控制向基于 PC 机的通用型控制器转变。基于个人计算机(personal computer,PC)的控制系统,能够将图形处理、声音处理、人工智能更好地应用于智能化焊接,并弥补实时性产生的误差。

随着工业机器人行业的快速发展,工业机器人精度不断提高,传统的示教编程(在线编程)已经不能够满足工业机器人复杂应用的需求。示教编程(在线编程)过程烦琐、效率低,精度完全取决于操作者的目测,对于复杂的路径在线编程难以取得令人满意的效果;且需要占用生产设备,对于巨大的生产压力,或多品种、小批量生产时,停机修改产品或调试新产品都会极大地影响生产效率。因此,采用离线编程技术可提高编程效率和生产效率。

焊接离线编程是指在计算机上进行的焊接程序编写,通过仿真软件对焊接过程进行模拟和优化,实现实际焊接操作前的预先规划和调试。离线编程原理主要包括以下方面。

(1)虚拟现实与仿真技术。通过计算机生成一个虚拟的焊接环境,包括焊接机器人、焊枪、工件等元素,以便编程人员在虚拟环境中进行焊接操作的预演和优化,最终生成焊接加工路径,通过后处理器导入实际应用。

(2)机器人离线编程技术。利用离线编程软件对焊接机器人进行编程。这些软件提供了丰富的功能,如三维建模、运动学建模、轨迹规划等,以实现焊接机器人在虚拟环境中的运动和焊接过程。

(3)离线编程与图形仿真。通过图形仿真技术,对焊接过程中的各参数(如焊接速度、焊接电流、焊接温度等)进行实时模拟,以便观察焊接效果并进行相应的调整。

(4)交互式三维可视化。利用 PC 和 Windows 操作系统支持的 Open Inventor 三维图像功能,实现焊接机器人、焊枪和工件的三维几何建模,以及机器人组织关系模型的建立。

(5)几何投影法。通过几何投影法,将虚拟焊接环境中的焊接轨迹映射到实际焊接场景中,进而指导实际焊接操作。

3. 3D 免示教焊接编程技术

3D 免示教焊接编程技术是一种先进的焊接方法,它主要依赖计算机视觉、图像识别和智能化算法,实现焊接过程的自动化。这种技术具有高效、准确和稳定的特点,可以显著提高生产效率和产品质量,降低操作人员的劳动强度和技术要求。

3D 免示教焊接编程技术的关键在于能够自主识别焊缝位置和焊接参数,从而实现焊接任务的自动化。通过 3D 视觉图像算法、自主避障算法及焊接工艺设计,该技术可以精确地识别和定位焊缝,并根据预设程序自动完成焊接过程。

与传统的离线编程焊接方法相比,3D 免示教焊接编程技术具有更高的准确性和稳定性。它避免了数据记录不准确导致的运行问题,还可以根据实际情况自动调整焊接参数,以保证焊接质量。

3D 免示教焊接技术主要由系统硬件、系统软件、跟踪系统组成。通过智能决策系统,快速生成机器人运动轨迹,通过在软件中导入三维工件模型,选取三维模型上的点、线、面等信息,生成工件的焊接轨迹点及其位姿,同时生成可直接在智能焊接机器人端使用的机器人程序,以及用于视觉定位的点云模型和创建的用户坐标系等信息。实现工件轨迹自动规划、机器人运动程序自动生成,并结合激光焊缝跟踪系统,确保实际工件的焊接质量。

当前,3D 免示教焊接编程技术在钢结构、非标金属加工、石油化工等行业得到了广泛应用。随着技术的不断进步和市场需求的提高,未来免示教焊接编程技术将朝着更高效率、更智能化和应用更广泛的方向发展。

3D 免示教焊接编程技术作为一种先进的焊接方法,将为我国制造业和焊接领域带来更高效的生产力、更低的人工干预和技能要求,有助于推动焊接技术的创新与发展。

4. 激光焊缝跟踪技术

激光焊缝跟踪传感器是通用工业机器人实时控制的、集成复合传感系统。坚固的设计和强大的单板实时控制电路使它非常适用于工业环境的应用,如焊接、切割、搬运及检测等。传感器集成了多种功能:三维激光距离测量、彩色视频过程监视、音频信号采集和其他功能。通过电荷耦合器件(charge coupled device,CCD)相机采集焊缝图像数据,视频线缆将图像数据传送给运算控制器,再通过运算控制器处理复杂的程序算法实现焊缝的在线实时检测,将偏差数据信息反馈给控制系统,使控制系统带动焊枪修正轨迹位置,实现焊接过程的自动焊缝跟踪。

(1)特点:数字化和集成一体化结构;在线实时检测跟踪多种焊缝;实现机器人与控制系统的实时通信;实现机器人焊缝跟踪、焊缝寻位等功能;可使焊枪处于理想位置;可补偿生产、设备和操作公差;可实现一致的、可复现的焊接效果;对于复杂、批量工件,可简化编程工作;可实现实时纠正焊缝偏差,智能实时跟踪,引导焊枪自动焊接;可有效解决焊接过程中热形变带来的问题,确保焊缝成型美观;可使焊枪处于理想位置,大幅提高生产效率及焊接质量,确保焊接安全。

(2)主要功能:系统主要由视觉传感器、连接电缆、跟踪软件等组成,主要功能包括手眼标定、实时跟踪、单点寻位、两点寻位、坐标系寻位、自适应焊接、多层多道焊接。

5. 智能焊接云管理技术

智能焊接云管理技术基于工业互联网平台的焊接管理与服务系统,通过物联网、焊接设备、用户与厂家的互联互通,不仅为用户提供方便的焊接管理手段,还将厂家的增值服务直接传递给用户,提升用户焊接设备的应用价值。它搭载物联网(internet of things,IoT)模块,可通过 4G/5G 网络接入对焊接设备进行在线监控和管理,帮助用户实时掌握现场焊接设备、焊接机器人等工作状态,快速处理报警并及时进行维护保养。

智能焊接云管理技术主要可实现如下功能。

(1) 设备故障追踪:焊接设备发生停机类故障,触发远程服务流程,即时协助用户进行故障排除,恢复生产。

(2) 维护保养支持:根据设备的报警提示或系统设定的设备维保计划,主动向用户推送维保提示信息和维保知识、方法。

(3) 焊接参数优化:通过系统逻辑分析、参考设备总体运行数据,自动判断用户可能的参数设定错误,协助用户修改和优化。

(4) 设备故障预警:根据设备的报警提示,参照设备运行大数据,预测设备部件故障或运行异常可能造成的停机事故。

(5) 焊接过程分析:监控设备的实时运行数据,检测起弧不良、焊接断过电流、粘丝等焊接异常,推送检测报告和提示信息。

3.3　智能化焊接教学实践

3.3.1　数字孪生

机器人焊接教学平台以库卡机器人为例,该平台主要由以下设备组成:库卡 KR 5 arc 焊接机器人、库卡 DKP400 变位机、库卡 Connect EasyPro 数据采集监控系统,以及肯倍 KempARC Pulse 350 焊接电源等。该平台能够通过 KUKA.Sim 仿真软件进行模拟仿真、离线编程与真机联调,最终实现数字孪生。

1. 数字孪生简介

数字孪生也称为"数字双胞胎",是指将工业产品、制造系统等复杂物理系统的结构、状态、行为、功能和性能映射到数字化虚拟世界中的过程。这一技术通过实时传感、连接映射、精确分析和沉浸交互来刻画、预测和控制物理系统。在虚拟空间中完成映射,实现复杂系统虚实融合,从而反映对应实体装备的全生命周期过程。

2. 数字孪生的实现方法

1) 将程序下载至机器人控制器

首先,将 PC 通过网线连接至控制器中的库卡线路接口(KUKA line interface,KLI 网口)。打开计算机的"网络连接",选择"TCP/IPv4",单击"属性",查看示教器上网络配置的 virtual5 IP,确保计算机 IP 与机器人 IP 在同一个网段内,单击"OK"按钮。

其次,运行 Windows 的"CMD"工具,输入"ping 172.31.1.146",单击回车键。如果"Received=4",则代表网络接通。由于真实机器人不知道虚拟机器人"基坐标"与"工具坐标"的值,因此需要为两个值赋值。单击"逻辑"按钮,分别单击"设置基坐标"与"设置工具坐标"。然后点选"BASE_DATA"与"TOOL_DATA",分别将数值填入右侧的"语句属性"。

智能化焊接教学实践

再单击"仿真配置"按钮,运动执行设为"控制器",单击"地址"后的"…"按钮,点选左侧的"机器人控制器",单击"OK"按钮。此时左下角会出现连接成功信息。

最后,在示教器中以"管理员"权限登录,单击"运行"按钮。仿真软件会与真机进行文件比对,比对完成后,只需要添加".src"与".dat"两个文件,然后单击"OK"按钮。此时示教器中会出现授权提示,单击"是"。示教器会提示"远程访问控制权限已成功",此时虚拟机器人会按照真实机器人姿态自动匹配同步,从而实现数字孪生。如图 3-7 所示。

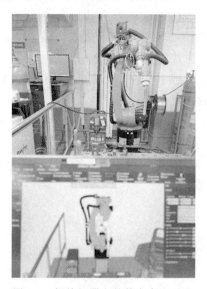

图 3-7　焊接机器人的数字孪生过程

2) 在控制器上运行程序

虽然已完成同步,由于涉及弧焊工艺指令,为了安全,焊接指令完全参数配置还需要在示教器中完成。如果没有进行完全参数配置直接运行程序,则会出现如图 3-8 所示的报警提示。

图 3-8　报警提示

在示教器上登录"专家"以上权限,点选".src"程序文件,选择"打开"。接着点选"Path"程序集合,并单击"打开/关闭折合",将"Path"程序集合展开。点选"ARCON"指令,并单击"更改"。然后在"ARCON"联机表中,单击"WDAT13.ATA"参数,可见"引燃参数"3 个值都为"0"。接下来,按图 3-9 填写"引燃参数"3 个值,然后单击"指令 OK"。当出现确认提示时,单击"是",便出现更改成功提示。

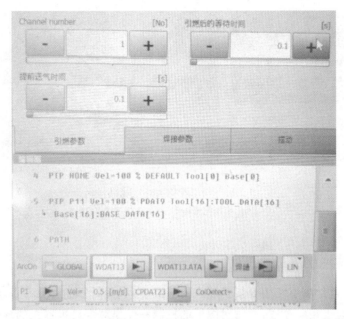

图 3-9　"引燃参数"3 个值

点选"ARCOFF"指令,"更改"。在"ARCOFF"联机表中,单击"WDAT22"参数,这 3 个参数可根据需求修改,但本例中保持默认值。当"指令 OK"出现确认提示时,单击"是"。接着会出现"更改成功"的提示,单击"X"保存并关闭文件。为了数字孪生的安全,无法在"自动"或"外部自动"模式下运行。但为了确保工艺要求,应选择"T2"模式,并根据实际工艺要求调整倍率。然后点选".src"程序文件并单击"选定"。按住示教器的使能键,如图 3-10(a)所示,按"激活焊枪"功能键,并长按"运行"键。程序将开始运行,机器人进行正常焊接工件,实现数字孪生。

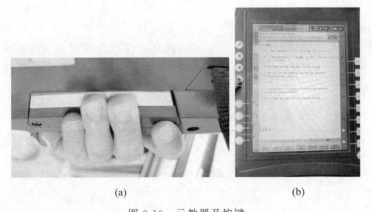

(a)　　　　　　　　　　　　　　(b)

图 3-10　示教器及按键

(a) 使能键;(b) 激活焊枪功能键和运行键

断开虚拟机器人与真实机器人的连接。在"模拟配置"中,将运动执行选为"RCS"即可。模拟配置和 5052 铝镁合金板材焊接成品样例如图 3-11 所示。

焊接过程的数字孪生

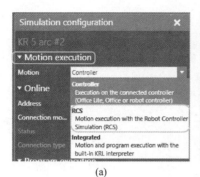

(a)　　　　　　　　　　　　　(b)

图 3-11　模拟配置和焊接成品样例

(a) 模拟配置；(b) 机器人焊接成品

3.3.2　模拟仿真

模拟仿真技术是在不使用焊接机器人的情况下，利用计算机图形学成果模拟焊接机器人工作环境，并运用相应算法，通过对图形的控制和操作对焊接机器人的焊接路径进行离线编程。模拟仿真的离线编程技术相比在线编程技术，可使编程者远离危险环境，提升工作效率，便于实现 CAD/CAM/机器人一体化等特点。离线编程技术正在向着全自动、更智能化的方向发展。

焊接机器人模拟仿真的离线编程与示教编程存在本质区别。模拟仿真的离线编程是通过对焊接机器人、周边设备及焊接工件进行三维建模，将三维模型导入模拟仿真软件，建立机器人系统运动的数字模型，然后根据焊接工艺要求对焊接机器人运动的空间轨迹进行规划仿真。通过仿真对运动轨迹中出现的奇异点、碰撞、干涉问题进行优化。接着对模拟仿真软件编制的程序进行后置处理，以便很好地移植到焊接机器人系统。

焊接机器人模拟仿真涉及的关键技术包括机器人运动学技术、CAD 图形环境交互技术、碰撞检测算法技术及后置处理技术。目前，上述技术均十分成熟，已有大量的机器人模拟仿真软件投入商业化应用。国内外主要模拟仿真软件及开发商如表 3-2 所示。然而模拟仿真技术只是实现焊接智能化生产的过渡技术，焊接自主编程技术才是智能化焊接的最终目标。

表 3-2　国内外主要模拟仿真软件及开发商

软 件 名 称	开 发 商
KUKA. Sim	德国库卡
Robot Art	北京华航唯实
Robot Master	加拿大 Jabez Technologies
Robot Studio	瑞士 ABB
Moto Sim	日本安川
Robo Guide	日本 FANUC
Robot Works	以色列 Compucraft
ROBCAD/Process Simulation	德国西门子
DELMIA	法国达索

本实例使用的是 KUKA. Sim 仿真软件。

KUKA. Sim 可以模拟项目方案,对 KUKA 机器人进行离线编程与仿真。该产品可以方便地实现机器人编程、生成 KRL 机器人程序和准确分析节拍时间(KSS 8.5 以上)。接下来以 CO_2 气体保护焊机器人实现堆焊 iCenter 的 logo 数字孪生运行过程为例(图 3-12),实现离线模拟仿真。

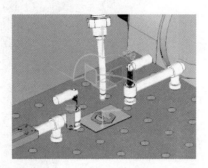

图 3-12　堆焊 iCenter 的 logo 数字孪生运行过程

1. 模拟仿真前的准备工作

1) 创建虚拟的机器人焊接教学平台布局

虚拟机器人系统需与真实机器人系统版本一致,进行如下操作:"文件"|"选项"|"通用"|"控制器版本",选择"8.5.9"(实体机器人系统版本为 8.5.9),单击"OK"。操作界面如图 3-13 所示。

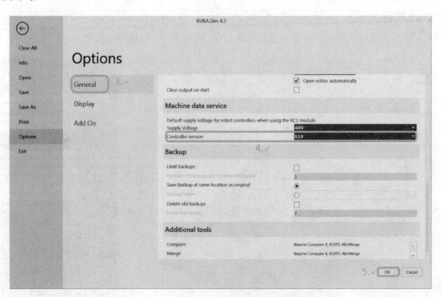

图 3-13　创建虚拟的机器人焊接教学平台布局

(1) 放置焊接站模型。首先在主页标签页中单击"导入几何模型"。在文件选择窗口中选择"ARC Welding Station. step"模型文件,单击"打开"按钮。再在屏幕最右边的"导入模型"窗口中,通过左右移动滑块调节导入的三维模型的品质,从左向右品质由低到高。其他参数不用调整,采用默认参数即可。单击"导入"后模型便出现在 3D 视图窗口中,如图 3-14 所示。

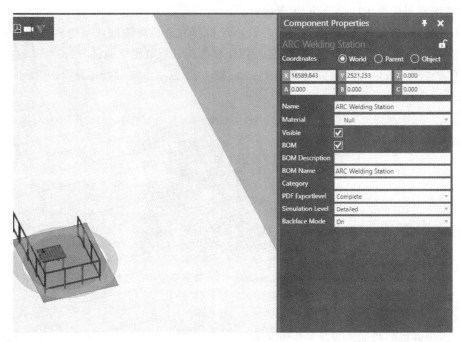

图 3-14 焊接站 3D 模型视图

在屏幕左侧的"组件属性"窗口中将模型坐标调整至原点(即 X、Y、Z、A、B、C 值都为 0),例如,左侧图只有 X 与 Y 值不为零,只需单击数字前面的"X"与"Y"直接置零即可。

(2) 放置机器人底座。导入的方法同(1)所述,将"pedestal. step"模型导入 3D 视图,如果底座的模型不在原点,让其归零。归零后机器人底座模型视图如图 3-15 所示。

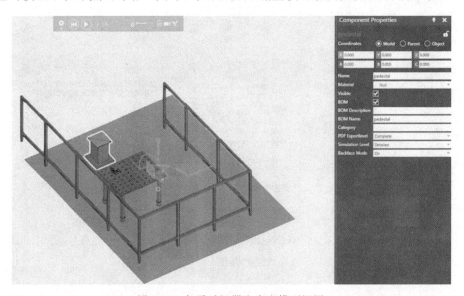

图 3-15 归零后机器人底座模型视图

(3) 放置机器人。在电子目录中,导航至公共模型/Kuka. Sim 4.3 库/KUKA_ROBOTS/低负载归档,然后选择机器人 KR 5。将 KR 5 arc 拖放到 3D 视图上,或者双击 KR 5 arc,也能达到同样的功效。选中 KR 5 arc,单击操作组中的"移动",并单击工具组中的"捕捉",将机器人拖动至机器人底座。此时,机器人会跟随鼠标移动,找到机器人底座的中心点后,单击鼠标左键,机器人便会移动到机器人底座。利用 Z 坐标轴转动或调整组件属性中的 A 值,使机器人调整为图 3-16 所示的方向。放置机器人控制器的操作步骤同放置机器人。

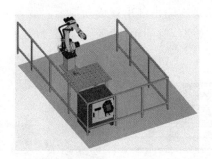

图 3-16　放置机器人及机器人控制器

(4) 放置焊枪。导入的方法同(1)所述,将"ARC Welding Gun. step"模型导入 3D 视图。具体步骤如下:①设置焊枪原点,主页标签页,原点组中的"捕捉"(此时原点坐标会跟随鼠标移动),将原点坐标移动至焊枪法兰中心后单击"应用";②安装焊枪至机器人法兰,选"焊枪"|"主页标签页"工具组中的"捕捉"(此时焊枪会跟随鼠标移动),将焊枪移动至机器人法兰中心;③对焊枪原点坐标取反,在主屏幕最右侧组件捕捉窗口,"对齐坐标"设置为 $-Z$(假设原来是 $+Z$),将焊枪重新移动至机器人法兰中心后单击鼠标;④将焊枪附加到机器人法兰上,单击继承组中的"附加",再单击"机器人法兰",附加成功后会在输出区出现成功提示。也可用"交互"功能旋转机器人的轴,验证附加是否成功。焊枪放置在机器人法兰上的效果如图 3-17 所示。

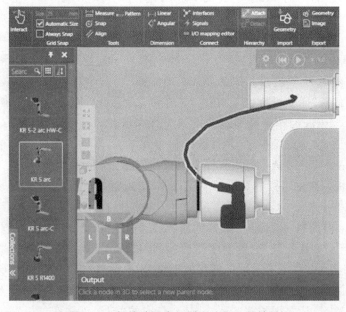

图 3-17　焊枪放置在机器人法兰上的效果

（5）放置变位机。导入方法同（1）所述，将"Car Model. step"模型导入 3D 视图。在电子目录中，导航至公共模型/KUKA. Sim 4.3 库/KUKA/变位机/DKP，然后选择 DKP_400_V1。将变位机拖放至 3D 视图，或者双击变位机，也能达到同样的功效。在组件属性中将变位机的各坐标值设成如图 3-18(a)所示的值。点选汽车模型，单击继承组中的"附加"，再单击"变位机法兰"，附加成功后会在输出区出现成功提示。放置变位机后的效果如图 3-18 所示。也可以用"交互"功能旋转变位机的轴，验证附加是否成功。

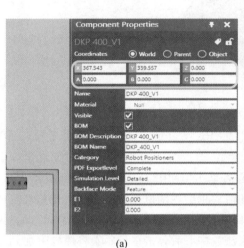
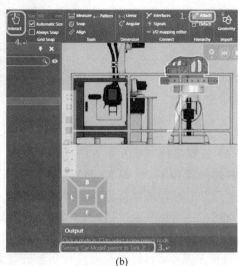

(a)　　　　　　　　　　　　　　　　(b)

图 3-18　放置变位机

(a) 变位机的各坐标值；(b) 放置变位机后的效果

（6）放置焊接件。导入的方法同（1）所述，将"clamps. step"夹具模型与"iCenter. step"焊件模型分别导入 3D 视图，放置焊接件效果如图 3-19 所示。

2）模拟仿真中的焊接工艺配置

（1）安装弧焊软件工艺包。依次单击"文件标签页"|"选项"|"插件"|"库卡可选包"|"管理"。在可选包管理窗口中单击"＋"进行库卡可选包的安装。待库卡

图 3-19　放置焊接件效果

可选包安装完毕后，会有成功提示，并且该窗口会在 5s 后自动关闭。可选包管理窗口左下角会提示"为了完全安装可选包应用程序需要重启"，单击"重启"。

（2）配置焊机。在主页标签页下的电子目录，单击"可选包"，选择"Kemppi"焊机品牌，再选择"Kemppi_ArcPulse Channel"焊机型号。长按鼠标左键将焊机模型拖至机器人模型，使两者耦合。当焊机模型拖到机器人模型上时，会出现"添加附加软件"窗口，单击"OK"。软件会自动创建配置，配置创建完毕后，焊机模型会生成在 3D 视图中。点选焊机模型，单击操作组中的"移动"，通过调整焊机模型坐标，将其移动至图 3-20 所示的位置。

（3）耦合变位机。在主页标签页中，依次点选机器人模型、接口（机器人与变位机旁边会显示接口窗口）。鼠标左键长按 KR 5 arc 窗口中的"连接工件变位机"圆点，会拉出一条连线，将连线的另一头连接至 DKP 400_V1 窗口中的"机器人接口"的圆点。连接成功后，

图 3-20　配置焊机

会出现绿色的勾。此时右侧连接接口窗口中会显示连接组件的名称。单击"关闭"，耦合变位机效果如图 3-21 所示。

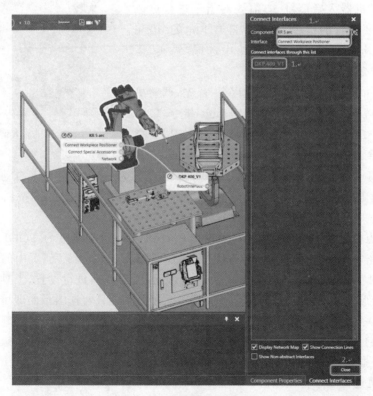

图 3-21　耦合变位机效果

（4）查看机器人配置。主页标签页最左侧窗口，单击"设备"，切换至设备窗口。在"设备"窗口中查看机器人、焊机、变位机与弧焊软件工艺包等配置。机器人配置是以树形图的形式显示的。关于编制机器人焊接程序的具体内容，将在接下来的焊接离线编程中详细展开。

2. 模拟仿真生成焊接离线程序

1）编制机器人工具坐标点

（1）切换至程序标签页，单击"点动"按钮，进入点动模式。点选机器人，在机器人法兰上会出现工具坐标点（TCP）。屏幕最左侧为"程序编辑器"，用于编程示教。进入点动模式后，屏幕最右边为点动窗口。

（2）配置工具坐标点：在点动窗口中选择所需的工具坐标号，单击"工具"后的齿轮，切换至工具属性窗口。此时工具属性窗口进入工具坐标设置模式。然后在程序标签页单击"捕捉"，切换至工具捕捉窗口。在工具捕捉窗口中，模式选择"一点"，对齐坐标选择"$+Z$"。移动鼠标左键，将工具坐标移动至焊枪中心。请注意，在设置工具坐标的过程中，软件会自动切换至"移动"模式。当工具坐标设置完成后，需要手动将模式切换至"点动"模式。

2）编写焊接轨迹程序

（1）编写程序框架。点选程序编辑器中的第一条 SPTP Home 指令。手动拖动坐标点或直接输入坐标值，将机器人调整姿态至图 3-22 所示状态。单击"touch up"按钮，记录当前坐标值。为了使仿真软件中的指令与真实机器人指令统一，需要对指令进行更改设置，点选需要设置的指令，单击屏幕右下角的"语句属性"，进入语句属性窗口，在语句组中选择"经典"运动类型，SPTP 就会切换至 PTP。

（2）捕捉并自动生成焊缝轨迹指令。首先，调整机器人焊接时的姿态，点选第一条 PTP Home 指令，单击"PTP"按钮，PTP Home 指令后会新增一条 PTP P1 指令，点选该指令最右边的点动窗口，工具选择 1 号工具

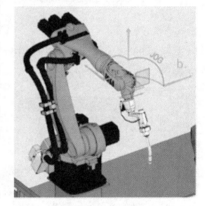

图 3-22　机器人调整姿态

坐标"TOOL_DATA[1]"，先将 A5 设为 90°，再将 C 设为－180°，机器人自动修正姿态，最后设置变位机 E1 与 E2 的值，分别设为 1°与 108.99°，单击"touch up"按钮，记录当前坐标值。

其次，新点位记录完成后，指令中的 TOOL_DATA[0]会自动变为 TOOL_DATA[1]。

最后，单击"Paths"按钮，Path 最右侧"选择曲线"窗口选择"专家"页中的"边线捕捉"，再选择"工具 1"，按图 3-23 分别对坐标方向、运行速度、对齐面进行设置，工具姿态设为"恒定方向"，指令形式勾选"Lin"，去掉"Circ"，工具可视化预览只勾选图示的即可（全选会大量占用 PC 资源）。预览确认无问题后，单击"生成"按钮。

图 3-24(a)为按照以上步骤预览生成的示意图，检验是否达到预期的效果，以及最终生成的焊缝轨迹指令（见图 3-24(b)）。

3）运行轨迹程序进行模拟仿真验证

首先设定一个焊接等待位，以免焊枪直接撞上焊接件。点选"LIN P2"指令，单击"PTP"按钮，生成"PTP P12"指令。点选该指令，在最右侧的"点动"窗口中，在"Z"文本框中

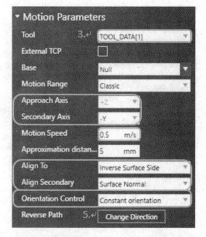

图 3-23　设置坐标方向、运行速度、对齐面

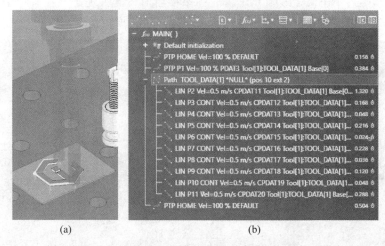

(a)　　　　　　　　　　　　　　(b)

图 3-24　iCenter 的 logo 预览生成的示意图和焊缝轨迹指令

(a) iCenter 的 logo 预览生成的示意图；(b) 焊缝轨迹指令

的数字后填入"＋50"，按回车键。机器人相应抬高 50mm。选中"PTP P12"指令并按住鼠标左键，将其拖到"PTP P1"指令之后，将"Path"指令折叠起来。选中"PTP P12"指令并按鼠标右键，单击"复制"，选中"Path"指令并按鼠标右键，单击"粘贴"，生成"PTP P13"。选中"PTP P13"，在最右侧的"语句属性"窗口中，将运动类型改为"Lin"，变为"LIN P13"。单击运行后，布局将开始按照程序进行模拟仿真。

4）转换为焊接指令

（1）转换焊接起弧指令：选中"LIN P2"，在最右侧的"语句属性"窗口中，将技术类型改为"ArcOnLin"。按实际工艺情况分别设置机器人运动速度与焊接速度，此例中都设为 0.5。

（2）转换焊接摆动指令：单击"LIN P3"，按住 Ctrl 键，单击"LIN P10"实现批量多选指令。在最右侧的"语句属性"窗口中，将技术类型改为"ArcSwiLin"，按实际工艺情况设置焊接速度，此例中设为 0.5。

（3）转换焊接关弧指令：单击"LIN P11"，在最右侧的"语句属性"窗口中，将技术类型改为"ArcOffLin"，至此所有的焊接指令都已转换完毕，如图 3-25 所示。

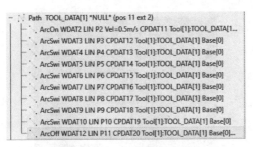

图 3-25 转换为焊接指令

5）运行最终程序实现模拟仿真

在最后运行程序前，对 Home 指令进行设置。单击"PTP P1"，在最右侧的"点动"窗口中分别复制"A1～A6"，将其分别粘贴至"PTP HOME"的"点动"窗口中。每粘贴一次，就需单击"touch up"按钮一次，以此类推，直到 6 个轴都粘贴完毕。随后单击"PTP P1"，右击鼠标选择"删除"，然后单击"PTP HOME"，准备保存当前机器人姿态。接着单击"设置"并选择"保存状态"。最后单击运行，布局将开始按照程序进行模拟仿真，其过程如图 3-26 所示。

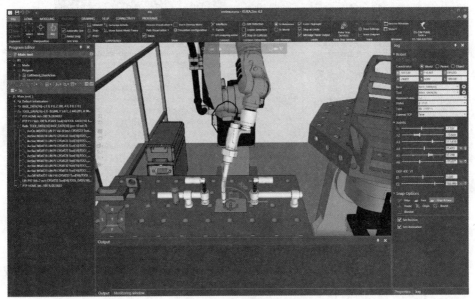

图 3-26 模拟仿真过程

3.3.3 焊接机器人的生命周期管理

KUKA. Connect EasyPro 与制造设备联动，可实时关注产品动态和数据分析。通过与库卡机器人本体和边缘侧设备连接，借助大数据分析技术为车间操作人员、维修人员、管理人员提供更智能、更安全、更高效的机器人全生命周期管理体验。

1. 机器人队列现场拓扑

通过平面地图展示机器人所在工厂的地理位置，根据现场产线布局呈现机器人队列现场拓扑图。每台机器人显示与现场一致的命名标签（此标签为单击跳转单台机器人详情页的链接），并有实时的停机报警闪烁标识。单击标识会显示本次停机报警的信息，报警消除后提示消失。

2. 机器人运行状态信息统计

实时统计机器人队列总数量、在线机器人数量及工作中的机器人数量。实时展示机器人队列中每台机器人的在线状态、操作模式、程序是否运行,以及是否发生生产状态下的停机报警。

3. 单机管理模块

(1)展示当前机器人设备运行过程中的参数信息,如程序、工具坐标信息、基坐标信息、运行时间、运行倍率、工作模式、昨日开动率、设备利用率等,如图3-27所示。

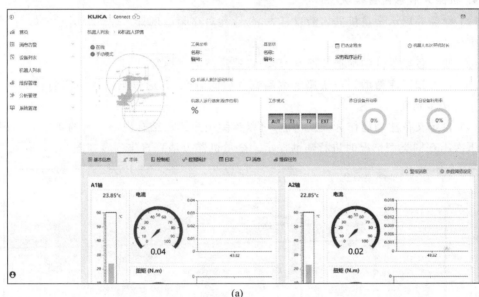

(a)

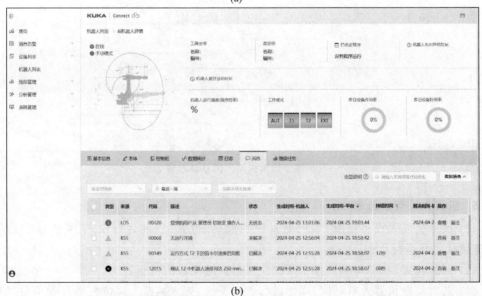

(b)

图 3-27　单机管理模块

(a)当前机器人设备运行过程中的参数信息;(b)机器人控制柜实时运行数据

（2）展示机器人属性信息,如本体、控制柜、操作系统、网络、安装包等信息 Display。

（3）展示机器人本体各轴实时温度、扭矩、电流等信息。

（4）展示机器人控制柜实时运行数据,如 KCB 总线、KLI 总线、控制柜 PC 内的 CPU 温度、CPU 利用率、内存利用率、磁盘利用率等信息。

（5）单机日志、消息:用于对机器人历史问题进行追溯和诊断。

（6）文件管理:用于下载示教器端生成的 KRCDIAG 诊断包。

（7）参数备份:支持对当前设备进行项目备份并显示实时状态。

（8）维保任务:展示当前待办任务及历史任务。

4．机器人消息告警模块

（1）存储并展示全量机器人消息日志记录,并对高频消息日志进行分时过滤统计,便于问题聚焦。

（2）通过各类条件的筛选和搜索,帮助快速定位消息内容。

（3）官方知识库帮助用户快速了解消息背后的意义,并通过给出的建议内容对下一步操作进行初步判断。

（4）自定义备注功能作为辅助功能,可以帮助用户建立结合现场工况的自定义知识库,并在下次出现同类型情况时进行辅助提示。全量机器人消息日志列表如图 3-28 所示。

图 3-28　全量机器人消息日志列表

5．机器人设备台账表

（1）展示机器人设备信息,如机器人识别信息、位置、当前运行模式、是否正在运行程序、连接状态及运行状态。

（2）通过位置、状态等筛选操作帮助快速定位需要检测的机器人。

（3）若对异常机器人有疑问,则能进行数据下探,进入机器人详情页面查看单台机器人的详细信息。机器人设备台账表如图 3-29 所示。

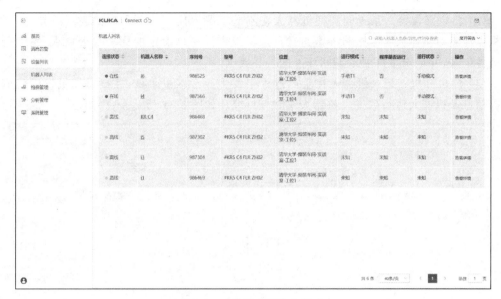

图 3-29　机器人设备台账表

6. 维保管理

（1）待办任务。呈现全量机器人示教器端待办的维保任务，机器人设备维保管理如图 3-30 所示。

（2）历史任务。呈现全量机器人示教器端已完成的维保任务。

图 3-30　机器人设备维保管理

7. 分析管理

（1）状态概览。通过机器人各维度的实时分析统计，用户可以快速掌握机器人的运行稳定性。

（2）参数对比。支持不同设备机器人之间的指标数据比对，判断机器人运行是否存在异常。

（3）自定义告警。基于同类型机器人在不同工况下使用不同程序的表现差异,支持用户根据经验对机器人各轴运行参数进行自定义设定。一旦设定的标准符合要求,系统会作为事件记录,并记录事件展示期间详细的核心数据。

（4）停机分析。记录机器人在生产过程中发生异常停机事件,并展示停机发生前后的报警信息及机器人运行数据。机器人实时分析统计如图 3-31 所示。

图 3-31 机器人实时分析统计

8. 系统管理

针对不同用户的使用习惯,提供定制化的系统设置,确保使用习惯更贴合用户需求。可进行产线配置、设备管理、用户管理、角色管理、操作日志、登录日志等操作。机器人的系统管理如图 3-32 所示。

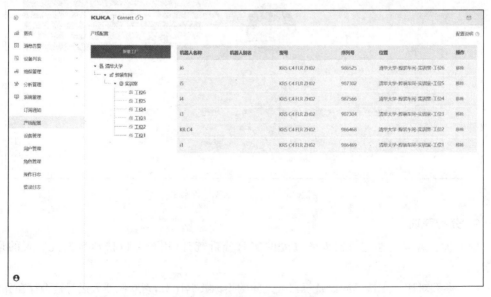

图 3-32 机器人的系统管理

第4章

智能化机械加工

4.1 常用机械加工工艺及机床

4.1.1 车削加工

车削是在车床上利用工件的旋转运动和刀具的移动改变毛坯形状和尺寸,将其加工成所需零件的一种切削加工方法。其中,主运动为工件的旋转运动,通常消耗切削功率的大部分;进给运动为刀具的移动,通常只消耗切削功率的小部分。通过选择不同几何形状的刀具,车削适用于加工各种内、外回转表面,如图 4-1 所示。

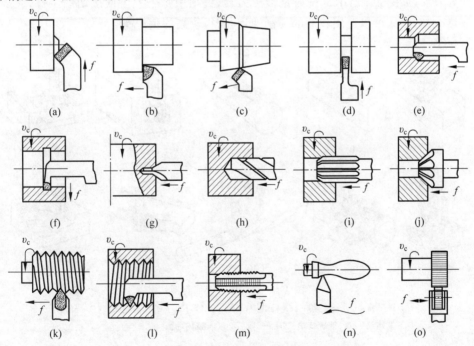

图 4-1 车削加工特征类型

(a) 车端面;(b) 车外圆;(c) 车外锥面;(d) 切槽、切断;(e) 车孔;(f) 切内槽;(g) 钻中心孔;(h) 钻孔;
(i) 铰孔;(j) 锪锥孔;(k) 车外螺纹;(l) 车内螺纹;(m) 攻螺纹;(n) 车成形面;(o) 滚花

按照结构类型,车床可分为卧式车床和立式车床。按照操作方式,车床可分为普通车床、自动车床和数控车床。图 4-2 和图 4-3 分别为卧式车床和立式车床的主轴与刀架。

图 4-2　卧式车床的主轴与刀架

图 4-3　立式车床的主轴与刀架

车削加工适用于各种材料的加工,包括金属材料(如钢、铜、铝等)、非金属材料(如塑料、木材、陶瓷等)。对于不同材料,可以选择不同的刀具材料和几何参数,以实现最佳加工效果。

4.1.2　铣削加工

与车削加工不同,铣削加工的主运动是铣刀的旋转运动,进给运动是工作台或铣刀的移动或旋转,因此可以加工平面(按加工时所处的位置包括水平面、斜面、垂直面)、各种沟槽和成形面等表面,如图 4-4 所示。铣刀是多刃刀具,铣削中每个刀齿依次切削工件,大部分时间在散热冷却,因此可以选用较高的切削速度,获得较高的生产率。

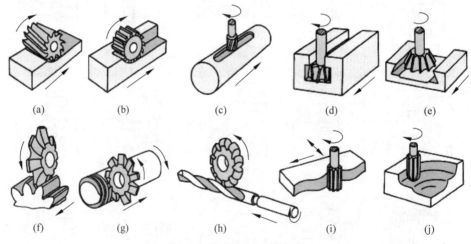

图 4-4　铣削加工特征类型

(a)铣平面;(b)铣台阶;(c)铣键槽;(d)铣 T 形槽;(e)铣燕尾槽;(f)铣齿;
(g)铣螺纹;(h)铣螺旋槽;(i)铣外曲面;(j)铣内曲面

按照结构类型,铣床可分为卧式铣床和立式铣床。目前的数控铣床是以铣削加工为主,集成了钻削、镗孔等功能的加工中心。

1. 卧式加工中心

卧式加工中心的主轴是水平放置的,与工作台台面平行,如图 4-5 所示。它由床身、横梁、运动轴滑座、工作台(带旋转功能)、主轴、刀库等部分组成,主要应用于箱体类零件的加工。

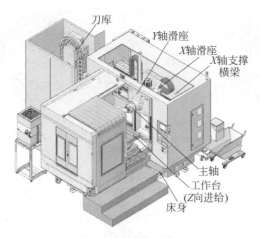

刀库

Y轴滑座

X轴滑座

X轴支撑横梁

主轴

工作台(Z向进给)

床身

图 4-5 卧式加工中心

2. 立式加工中心

立式铣床与卧式铣床的主要区别是主轴与工作台台面垂直,如图 4-6 所示。由于操作时观察、检查和调整铣刀位置等都比较方便,又便于装夹硬质合金端铣刀进行高速铣削,因此应用较为广泛。

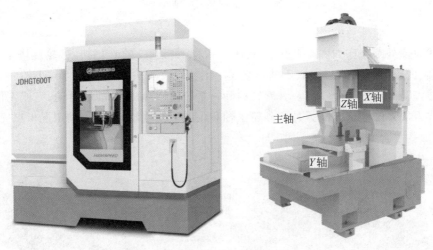

图 4-6 立式加工中心

4.1.3 磨削加工

利用高速旋转的砂轮切削工件表面的加工方法,称为磨削加工。砂轮是由磨粒和结合剂黏结而成的磨削工具,由于磨粒的硬度很高且具有自锐性,磨削可用于加工各种材料,特别是淬硬钢、硬质合金、玻璃、陶瓷等高硬度金属和非金属材料。利用不同类型的磨床，可以磨削零件的内外圆柱面、内外圆锥面、平面及成形表面（如花键、螺纹、齿轮等），获得较高的尺寸精度和较低的表面粗糙度，如图 4-7 所示。

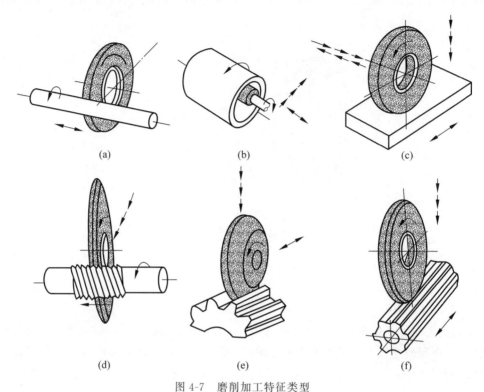

图 4-7　磨削加工特征类型

(a) 磨外圆；(b) 磨内圆；(c) 磨平面；(d) 磨螺纹；(e) 磨齿轮齿形；(f) 磨花键

卧式万能外圆磨床如图 4-8 所示，机床由床身、头架（C 轴）、尾架、砂轮转塔 B 轴、外圆磨削主轴、内圆磨削主轴、X 轴、Z 轴等组成。工件装夹于头架、尾架之间，头架（C 轴）驱动工件旋转，Z 轴带动工件水平运动，旋转的砂轮主轴由 X 轴驱动前后运动，完成工件磨削加工。卧式万能外圆磨床上配置外圆砂轮主轴和内圆砂轮主轴，根据不同工况可以完成外圆、内圆、端面的复合磨削加工。

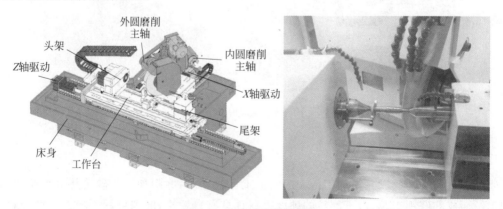

图 4-8　卧式万能外圆磨床

4.1.4　车铣复合加工

复合加工是机械加工领域国际流行的加工工艺之一,是一种先进制造技术。复合加工是指将几种不同的加工工艺在一台机床上实现。复合的目的是使一台机床具有多功能性,可以一次装夹完成多任务,从而提高加工效率和加工精度。复合加工应用最广泛,难度最大的是车铣复合加工。车铣复合加工中心相当于一台数控车床和一台加工中心的复合,使加工设备同时具备车削加工及铣削加工能力。

车铣复合加工的零件同时具有车削特征与铣削特征。图 4-9 所示的轴套类零件,其回转面特征需车削加工,轴端面腰形孔特征需铣削加工,可在一台车铣复合加工中心上完成。图 4-10 所示为整体叶盘类零件,叶身型面需铣削加工,轮盘表面需车削加工,也可在一台车铣复合加工中心上完成。

图 4-9　轴套类零件

图 4-10　整体叶盘类零件

目前,车铣复合机床的主要形式有车削中心、车铣复合加工中心等。车削中心一般将数控车床的普通转塔刀架换为带动力刀具的转塔刀架,主轴增加 C 轴功能,进而实现车铣复合加工,如图 4-11 所示。图 4-12 所示为车削中心的铣削加工。

图 4-11　车削中心

图 4-12　车削中心的铣削加工

车铣复合加工中心一般采用车铣复合轴,即主轴可装夹车刀或铣刀,并进行 X 轴及 Z 轴运动,配置旋转工作台装夹工件,实现车铣复合加工。图 4-13 所示为配置车铣复合轴的北京精雕 JDMRMT 300 车铣复合加工中心。图 4-14 所示为车铣复合加工中心的车削加工。

铣车复合
加工中心

图 4-13　车铣复合加工中心　　　　　图 4-14　车铣复合加工中心的车削加工

车铣复合加工具有以下特点。

（1）缩短产品制造工艺链，提高生产效率。车铣复合加工可以实现一次装夹完成全部或者大部分加工工序，从而大大缩短产品制造工艺链。这样可减少装夹改变导致的生产辅助时间，同时可缩短工装夹具制造周期和等待时间，显著提高生产效率。

（2）减少装夹次数，提高加工精度。装夹次数的减少避免了定位基准转化导致的误差积累。同时，车铣复合加工中心大都具有在线检测功能，可以实现制造过程关键数据的在线检测和精度控制，从而提高产品的加工精度。

（3）减少占地面积，降低生产成本。虽然车铣复合加工设备的单台价格比较高，但由于制造工艺链的缩短和产品所需设备减少，以及工装夹具数量、车间占地面积和设备维护费用减少，能够有效降低总体固定资产的投资、生产运作和管理成本。

4.1.5　铣磨复合加工

铣磨复合加工中心相当于一台加工中心和一台磨床的复合（图 4-15），使加工设备同时具备铣削加工及磨削加工能力，实现工序集成，提高生产效率。铣磨复合加工中心集成了支撑磨削的专业辅机附件，如砂轮修整器、砂轮对刀仪、磨削防护、磨削切削液过滤系统及磨削数控系统等。

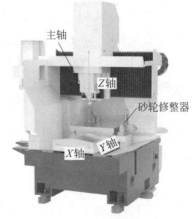

图 4-15　铣磨复合加工中心

4.2　智能化机械加工单元及关键技术

4.2.1　智能化机械加工单元的组成

在机床加工中,机床的有效和连续工作时间体现着机床的工作效率。机床的有效、连续加工时间越长,标志着机床的工作效率越高,机床的产出能力也越强。在订单饱和的情况下,机械加工企业希望机床能够 24h 连续、高效工作。当前数控机床的工作过程高度依赖人工参与,然而人每天的工作时间是有限的,企业通常通过白班、夜班的模式提高机床加工时间,但上夜班的从业者越来越少。同时人工上下料、人工调机过程需要在机床停机状态下进行,且完成这些工作的效率普遍较低,影响机床的连续、高效工作。

为保障数控机床连续、高效加工,需要以精密加工中心为基础,通过"机内自动化"的工作模式消除加工过程中的人工调机工作,再配合自动供料系统代替人工上下料,形成智能化机械加工单元,实现从毛坯进入料仓开始,加工中心自动进行加工、测量和换料的工作动作,最终实现无人自动化生产的目标。智能化机械加工单元由物理系统和信息系统两部分组成。如图 4-16 所示,物理系统是主体部分,包含精密加工中心和供料系统,实现加工、存储、搬运及人机交互过程;信息系统主要负责数据流管理,包括 CAM 软件和 MES,实现 CAM 编程、订单管理、任务调度、物料管理、产品追溯、生产监控等过程。

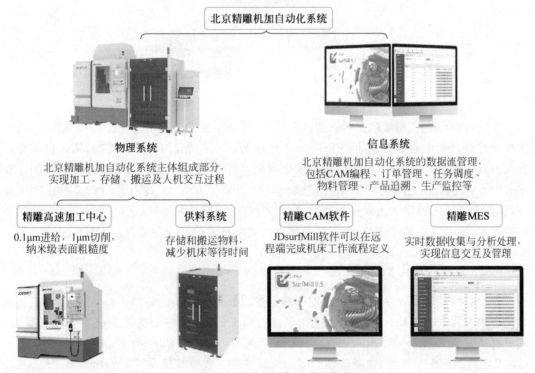

图 4-16　智能化机械加工单元架构

"机内自动化"工作模式是智能化机械加工单元能够实现稳定运行的首要条件,需要将数控系统和 CAM 软件无缝集成,借助精密加工中心的在机检测功能,将加工中需要人工在机床端参与的调机管控工作,变为在 CAM 软件中进行定义动作、数控系统执行专用程序,以驱动机床和相关的附件,稳定、准确、高效、安全地自动执行这些动作,从而将人工调机工作变成程序定义、机床工作的自动化调机模式。应用"机内自动化"模式,在机床工作过程中,除必要的上下料和毛坯粗定位外,加工过程不需要人工干预,精密加工中心可独立、稳定运行,延长机床的有效工作时间和提高产能。

在实现"机内自动化"的基础上,为实现不同种类零件的自动上下料,需要配合自动供料系统产品。通过高效、灵活的标准化配置,适配多款机床,代替人工完成上下料动作,切实有效提升机床产能利用率。自动供料系统包括存储料库、工业机器人、手爪、装夹系统、工控系统等部分,如图 4-17 所示。

图 4-17 自动供料系统

机加自动化产线解决方案

在"机内自动化"和自动供料系统的基础上,还要集成一系列必要的工程服务模块,搭建生成和整合自动化加工程序的工作平台,主要包括:①刀具应用标准化模块,通过提供标准化的刀具应用方案,最终实现物料的标准化管理,保证加工单元所用刀具品质的稳定和库存充足;②工艺编程标准化模块,通过提供模板化的编程方案,实现刀具切削参数标准化编程,保证零件加工程序的高效率和高质量;③设备应用标准化模块,通过提供标准化的设备应用方案,实现刀具精准切削,保证零件加工品质的稳定性和设备运行的连续性。

4.2.2 智能化数控系统

数控系统是一种程序控制系统,能够按照逻辑处理输入系统的加工程序,控制数控机床以精确的方式进行运动并完成复杂形状零件的加工,还能够控制机床完成零件的测量[1]。随着自动化加工的发展,数控技术也取得了进步,通过将机床与机器人、自动导引车(AGV)、自动化仓库连接,完成柔性制造系统的搭建。数控系统由输入输出装置、计算机数控(CNC)装置、可编程逻辑控制器(PLC)、主轴伺服驱动装置、进给伺服驱动装置及检测装置组成,如图 4-18 所示。

随着人工智能技术的发展,为满足制造业生产柔性化、自动化的发展需求,数控系统的

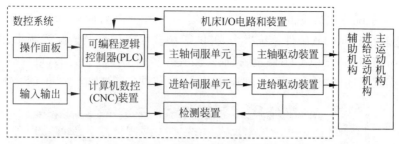

图 4-18 数控系统的基本组成

智能化程度在不断提高。智能化是指通过各种智能技术的融合,使数控系统具备一定的感知、判断、选择、学习等主观分析能力,包括数控系统对程序和加工的智能处理、对机床运行信息的记录输出、对各种检测设备和传感器设备的兼容等。数控系统通过监测加工过程中的状态数据,并根据这些状态实时智能调整加工参数,以提高加工精度、降低加工表面粗糙度、提高设备运行的安全性。根据已有的故障信息,应用智能化方法实现故障的快速准确定位并给出解决方案;完整记录故障过程,有助于找出问题解决方案,改善产品。在制造过程中,加工、检测、响应是实现智能化加工过程的必要途径,也可以促进机床操作性的提升。下面以北京精雕 JD50 数控系统为例,说明数控系统在智能化方面的发展。

JD50 数控系统是北京精雕基于工业 PC 自主研发的开放式数控系统,通过模块化功能设计更好地支持软件开放性,从而使数控机床的操作变得更智能,减少加工过程中的人为干预,提升设备切削利用率。JD50 系统不仅擅长加工切削轨迹的精准控制,而且在复杂加工工艺的管理和机床辅助设备的灵活控制上具备优势。利用 G100 指令级功能扩展,可以将 CAM 技术、测量检测技术、网络通信技术等引入数控系统,转化为系统内置功能,通过 NC 程序即可进行编程调用,从而借助各类传感器和附件设备的性能,建立具有更高切削性能的工艺应用体系。通过与北京精雕 CAM 软件 SurfMill 的配合,可以将各类扩展的功能指令、计算指令结合特定工艺流程进行模块化封装,简单灵活地实现集产品测量、加工、检测为一体的"机内自动化",如图 4-19 所示。

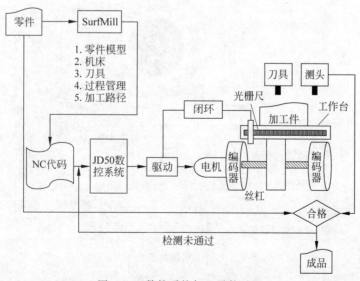

图 4-19 数控系统加工零件过程

在机测量

　　JD50数控系统自主研发的在机检测系统是一个改善产品加工质量、提升产品加工效率、缩短工艺验证时间的软硬件系统平台，提供了众多控制指令及接触式测头、电荷耦合器件（charge coupled device，CCD）测量、扫描式测头等多种工件测量方案，可以方便快捷地在数控机床上实现辅助调机、在机质量管控和自适应补偿加工等功能，如图4-20所示。

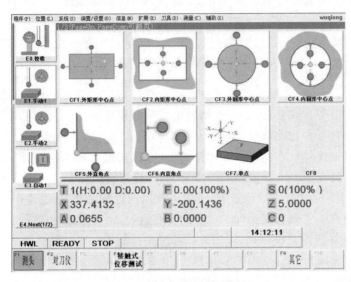

图 4-20　接触式测头测量模块

　　JD50数控系统还支持 Z 向接触式对刀仪、多方向对刀仪、激光对刀仪、CCD测刀仪等刀具测量应用，结合自主研发的测量程序精确识别加工过程中的刀具磨损，提升五轴产品加工的操作安全性，减轻五轴机床操作对操作人员技术能力的依赖。在机检测系统可以对机床关键部件因环境变化造成的关键参数变化进行检测和修正，实现转台轴心校准、主轴热位移控制、主轴转速和负载监测等，如图4-21所示。

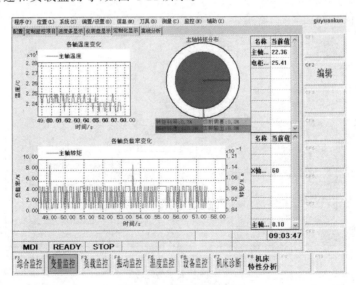

图 4-21　机床状态监控

4.2.3　制造执行系统

制造执行系统(MES)是面向制造企业计划调度层、工艺管控层、车间执行层的信息化管理系统,专注于打通生产数据全平台的信息障碍,实现生产数据在生产环节的无损流通,实现物料在供应链上下游两个方向的良性对流。MES 重点整合生产各环节资源、标准化生产流程,进一步实现多品种、小批量、多订单生产模式的快速切换,增强企业生产的柔性制造能力,帮助企业减少生产异常,实现降本增效、按期交付的目标。

MES 的核心是协调,是打通生产各环节的信息壁垒,对生产全流程的整体管控,旨在将人、机、料、法、环整合为统一的有机整体,从而提升企业应对市场变化的能力,降低运营成本,提高企业的核心竞争力,其架构如图 4-22 所示。

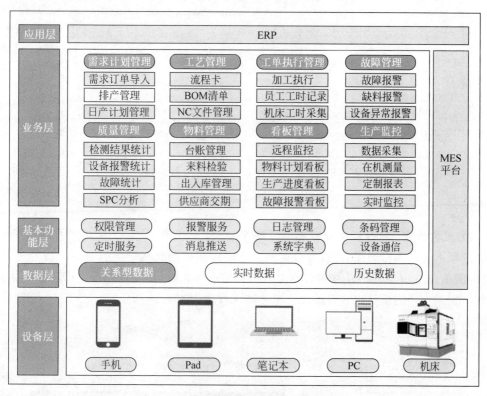

图 4-22　MES 架构

MES 定义标准化的数据采集协议,高度兼容生产过程中涉及的检测设备、传感器等数控接口,能够实时获取生产过程中各系统产生的数据。沿用面向服务架构(service-oriented architecture,SOA)思想,将各部门的业务功能服务化,每个服务可以独立运行,服务间通过工作流引擎调度,实现整个业务流程。以工作流引擎为核心控制器,将加工厂涉及生产管理的所有业务按照以生产过程为主线、各个分支业务为支线,进行主流程与子流程的模板创建,使主流程与子流程关联,子流程间互不干涉。以 Web Service 和 Windows 通信开发平台(windows communication foundation,WCF)服务作为客户端与服务器端的通信接口,可以方便地与移动终端应用进行对接。

制造执行系统可有效管控生产执行过程,实现各环节信息互通、各阶段数据准确、各流程顺畅执行,为企业高效管控提供帮助。其包含以下核心功能模块。

(1) 订单管理:生产需求计划的核心业务目标是管理销售订单,并将其转化为车间计划生产的任务进行下发。通过周期性计划、日产计划逐层细化的模式根据需求任务量逐层级分解,实现车间投产任务的按资源拆分下发,细化管理车间任务,实现车间任务下发的精细化调度,使总调、车间调度、班组长等角色各司其职,通过系统有效参与生产过程中的管理工作。日产计划页面如图 4-23 所示。

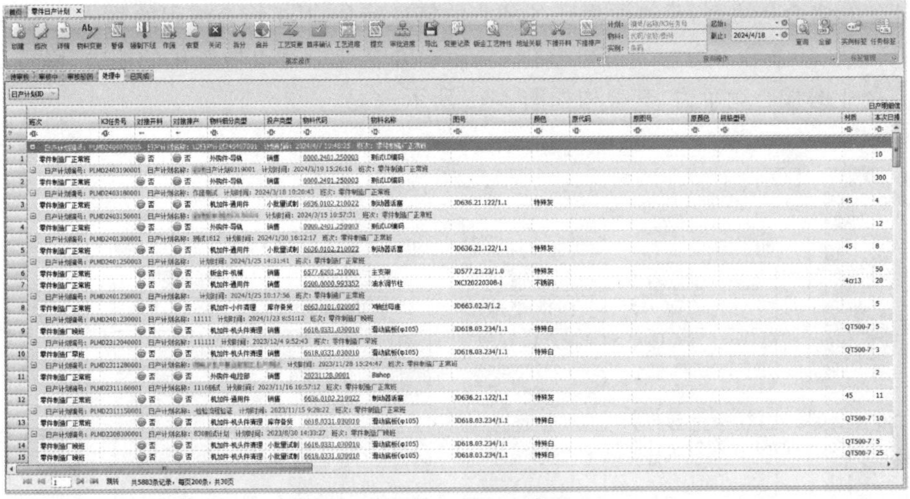

图 4-23　日产计划页面

(2) 工艺管理:通过标准化规范加工流程卡、工艺文件,统一工艺生产标准和检验标准,通过版本迭代生命周期管理,全程追溯工艺流程从试制直至量产的多版本演变过程,并将物料清单(bill of material,BOM)与工艺流程卡进行关联,切片化处理生产环节的物料准备情况,实现生产的精益化管理理念。工艺路线管理如图 4-24 所示。

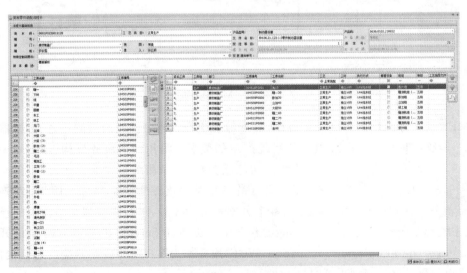

图 4-24　工艺路线管理

（3）任务管理：以实现车间作业无纸化管理为目标，通过系统下发工位作业任务，全流程实现车间作业加工的痕迹化记录和管理。同时基于系统采集的作业工时数据，实时结算任务进度、人员作业工时、生产过程信息等生产数据，实现快速、准确的生产数据查询和统计分析。车间执行模块建立机械加工作业流水线模式，将工序紧前紧后关系通过系统进行约束体现，解决工人作业干涉问题；同时集成过程检验操作，将检验数据以图形化检测单的形式进行记录，实现检验数据的实时记录和异常报警。任务分配机台如图 4-25 所示。

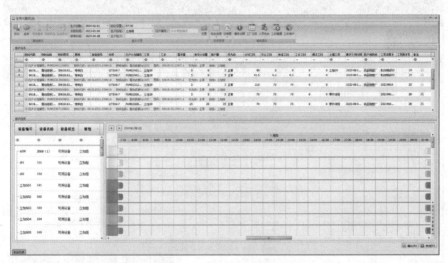

图 4-25　任务分配机台

（4）质量管理：在制造执行系统中，对产品质量进行监控、管理和改进，旨在确保制造过程中的产品符合预定的质量标准和要求，并通过实时数据采集、分析和反馈，帮助企业提高产品质量、降低生产成本，提升客户满意度。质量管控包括来料检验、首检、过程检验、成品质量检验 4 个流程，分别针对采购来料、生产过程、成品 3 个环节进行质量管控。制造执行系统建立了完整的不合格品管理流程，对不合格品进行追溯、分类和处理，包括废品处理、返工、让步和报废等，对生产及来料过程中的任何不良品提供第一时间的上报操作并通过文字、拍照等手段记录不良品的情况。通过数据分析和持续改进方法，识别和消除制造过程中的质量问题，提高产品质量和生产效率。过程检验如图 4-26 所示。

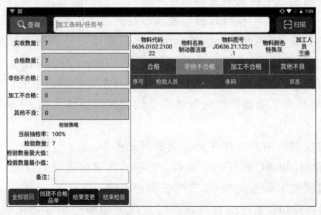

图 4-26　过程检验

（5）物流管理：包括仓库管理、开料管理、工序级物料流转等业务模块，建立标准化仓库体系，确保仓库物料信息变更准确，打通开料、拣货、配送、收货、产品入库全流程信息化体系，解决生产部门的物料开料需求及各工序生产加工之间的物料流转需求，融合和简化部门间的物料供应流程，建立平台化的厂内物料供应链体系，实现物料全流转过程的可视化和及时性目标。周转配送界面如图 4-27 所示。

图 4-27　周转配送界面

4.3　机械加工仿真

4.3.1　切削仿真简介

切削仿真是通过计算机软件模拟加工过程的关键步骤。它能够精确模拟刀具在工件表面的移动轨迹，以及加工过程中各部件的运动情况，为用户提供直观的加工效果预览。

零件加工
仿真

切削仿真在智能制造中扮演着关键角色。通过切削仿真技术，可实现数字化生产过程的可视化和优化。这种技术不仅可以提前发现潜在的加工问题，优化刀具路径和加工策略，提高生产效率和产品质量，还可以为智能化生产提供数据支持和决策依据。在智能制造系统中，切削仿真与实时监控、自动控制等技术相结合，构建一个闭环的生产管理系统，实现生产过程的智能化、自适应和自我优化。因此，切削仿真在智能制造中的应用不仅是为了提高加工效率和质量，更是为了实现生产过程的智能化管理和持续优化，推动制造业向更高水平迈进。

切削仿真在智能制造中的作用主要包括如下几点。

（1）验证刀具路径和 NC 程序的正确性：切削仿真可以确保刀具路径与设计要求一致，避免程序错误导致的加工偏差和损坏，节约成本和时间。

（2）判断欠切和过切：通过仿真可以及时发现欠切和过切等加工缺陷，帮助优化加工策略,提高加工效率和产品质量。

（3）预防碰撞和超行程:切削仿真可以检查加工过程中各轴运动是否存在超行程现象,避免机床各部件之间的碰撞,保障设备和人员的安全。

（4）提高操作人员技能:通过对切削仿真的学习和实践,操作人员可以更深入地了解数控加工的原理和流程,提高对加工过程的掌控能力和技术水平。

切削仿真与计算机辅助制造（CAM）紧密相关,是 CAM 系统的重要组成部分。CAM 系统通过计算机软件生成数控加工程序,包括刀具路径规划、加工策略选择等。切削仿真则在 CAM 系统生成加工程序后,通过模拟加工过程对刀具路径和加工策略进行验证和优化。它帮助用户提前识别潜在问题,如碰撞、过切或欠切等,确保加工程序的正确性和安全性。

4.3.2　切削仿真实施的主要步骤

切削仿真主要在 CAM 软件中实施,主要步骤包括几何体安装、基础结构编辑和机床模拟。

几何体是指除去机床部件外,参与机床模拟加工过程的其他模型,主要包括工件、毛坯及夹具,如图 4-28 所示。其中,工件是利用刀具对毛坯进行切削去料后得到的产品工件模型。毛坯是加工前工件的原材料,是工件切削去料前的模型,类型多样。而夹具是为保证毛坯切削过程中稳定可靠,用于固定毛坯（工件）的装置。

工件　　　　　　　　毛坯　　　　　　　　夹具

图 4-28　几何体

机床结构编辑主要用于对机床行程、仿真所需 CNC 信息、运动控制等信息进行设置。

机床模拟是基于机床运动过程中的 NC 指令对加工过程进行模拟,检查加工过程中各轴运动是否存在超行程现象,机床主轴、刀柄、工装、工件等各部件之间是否存在碰撞风险。通过机床模拟可以将加工时可能发生的碰撞和超行程问题提前在软件端报警显示。

下面以精雕 SurfMill 9.0 软件为例介绍其切削仿真功能。

1. 几何体安装

几何 4 体安装包括工件设置、毛坯设置、夹具设置和几何体安装设置。新建几何体命令启动后,默认为工件设置界面,此时工件面拾取工具被激活,用户可以在右侧的工作区内拾取工件面,拾取过程中,坐标范围坐标值会根据拾取工件面的包围盒实时进行更新,如图 4-29 所示。

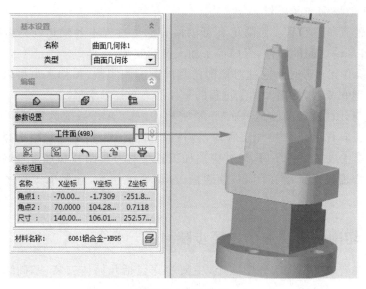

图 4-29　工件设置

　　软件提供的毛坯设置功能可以帮助用户完成毛坯模型的创建工作,用户可以参考加工前毛坯状态,通过设置毛坯类型、参数设置两个步骤完成毛坯的设置,如图 4-30 所示。根据实际毛坯规格对毛坯进行设置,可以减少空切路径数量、提高加工效率。常见的毛坯类型包括 6 类:毛坯面、方体、柱体、轮廓线、球体、圆管。

图 4-30　毛坯设置

　　夹具设置功能可以定义夹具的曲面造型,该功能主要用于干涉检查,检查当前的刀具路径在加工过程中刀柄是否与夹具发生干涉碰撞,如图 4-31 所示。

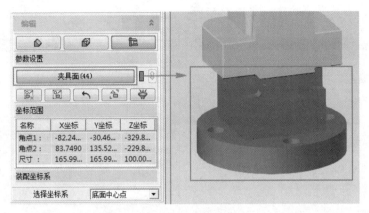

图 4-31　夹具设置

几何体需要正确摆放到机床上,以便进行干涉检查和机床模拟。只有创建了几何体,才能进入进行加工仿真模拟。

几何体安装的目的是将几何体安装至机床,定位方式是将几何体夹具的装配坐标系与选定的机床定位坐标系重合,再进行一定的偏移(先平移后旋转)。通常几何体参数设置要兼顾设置坐标系的偏差数值,主要用于对几何体进行平移旋转操作,以满足实际摆放的需要。其中绕轴旋转指绕机床定位坐标系的各轴旋转的角度值,如图 4-32 所示。

图 4-32　几何体安装设置

2. 机床结构编辑

机床结构编辑主要用于对机床行程、仿真所需 CNC 信息、运动控制等信息进行设置,机床参数配置如图 4-33 所示。

机床行程极限:设置各运动轴的行程极限,可以参照机床零位或者当前装配位置输入极限值。注意设定极限值的正负均以刀具运动方向为准。

系统参数:包括机床系列、数控系统、主轴型号、刀柄系列、控制配置和进给倍率。

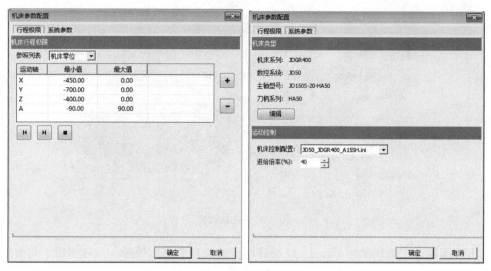

图 4-33　机床参数配置

3. 机床模拟

机床模拟是基于机床运动过程中的 NC 指令对加工过程进行模拟,检查加工过程中各轴运动是否存在超行程现象,机床主轴、刀柄、工装、工件等各部件之间是否存在碰撞风险。通过机床模拟可以将加工时可能发生的碰撞和超行程问题提前在软件端报警显示。碰撞检查设置可对相关部件的安全裕量进行设置,避免客观存在的偏差带来的安全风险,如图 4-34 所示。

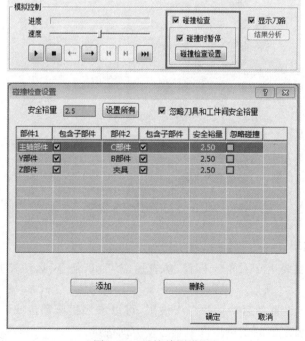

图 4-34　碰撞检测设置

4.3.3 典型加工过程的仿真案例

1. 实例描述

如图 4-35 所示,小零件模型以孔、槽、台阶特征为主,结构较为简单,无复杂曲面特征。本节将以此零件为加工实例,介绍该实例的全加工仿真过程。本案例中的三维模型均已提前准备,此处只讨论加工过程。该过程均通过精雕 SurfMill 9.0 平台进行实现。

图 4-35 实例分析采用的零件模型

1) 工艺分析

进行加工仿真的基础是工件存在加工程序,而工艺分析是编写加工程序前的必备工作,需要充分了解加工要求和工艺特点,合理编写加工程序。该工件工艺分析和毛坯如图 4-36 和图 4-37 所示。

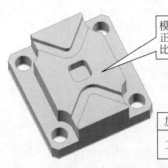

模型整体尺寸45mm×44mm×18mm,正面四孔、两V形槽、一方槽,结构比较简单

加工要求

加工位置	模型正面所有特征
工艺要求	零件表面不允许有划伤、碰伤等缺陷;未标注长度尺寸允许偏差±0.02mm

图 4-36 工艺分析

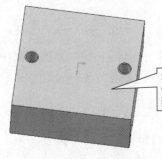

毛坯为前工序加工完成的方料,6061铝合金,尺寸46mm×46mm×20mm,两个M5螺丝孔已加工完成

图 4-37 毛坯

2) 加工方案

(1) 机床设备：根据产品尺寸及加工要求，选择 JDCaver600 三轴机床。

(2) 加工刀具：粗加工快速去料选择 D8 平底刀，对于 V 形槽、中心凹槽和 4 个孔，根据最小圆角 R2，使用 D4 平底刀进行加工。

(3) 加工方法：如图 4-38 所示，该小零件主要采用 2.5 轴单线切割、轮廓切割和区域加工方法完成加工。

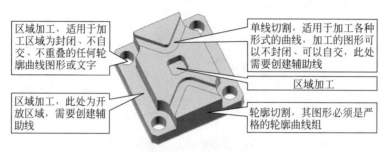

图 4-38　加工方法

3) 装夹方案

利用毛坯螺丝孔吊装，如图 4-39 所示。螺丝孔进行粗定位，M5 螺丝锁紧后进行加工。批量生产时可采用零点快换组合夹具，或者一出多专用夹具。

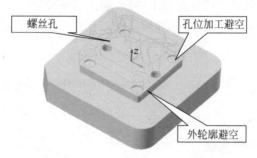

图 4-39　装夹方案

2. 编程加工准备

进行编程加工前需要对加工件进行一些必要的准备工作，创建虚拟加工环境，保证仿真过程中的各要素与实际一致。具体内容包括机床设置、创建刀具表、创建几何体、几何体安装设置等。

1) 机床设置

双击左侧导航栏 **机床设置**，选择 3 轴机床"JDCaver600"，并选择机床输入文件格式为"JD650 NC(As Eng650)"，完成后单击"确定"退出，如图 4-40 所示。

2) 创建刀具表

双击左侧导航栏 **刀具表**节点，根据"加工方案中的加工刀具"依次创建 D8 平底铣刀和 D4 平底铣刀。图 4-41 所示为本次加工使用刀具组成的当前刀具表。

3) 创建几何体

双击左侧导航栏 几何体列表节点，几何体的设置分为 3 部分：工件设置 、毛坯设置

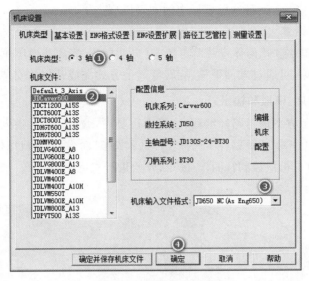

图 4-40　机床设置界面

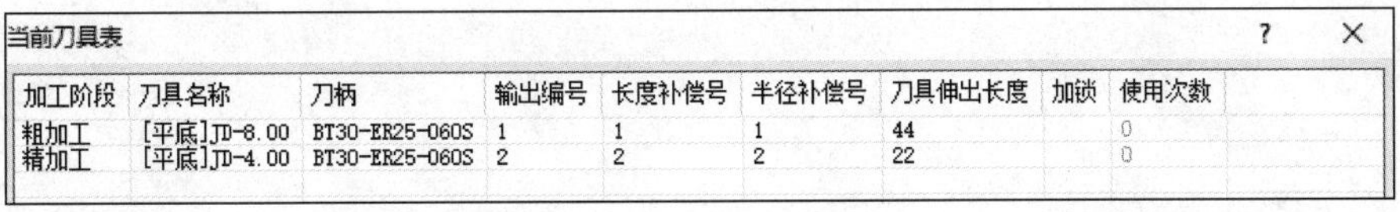

加工阶段	刀具名称	刀柄	输出编号	长度补偿号	半径补偿号	刀具伸出长度	加锁	使用次数
粗加工	[平底]JD-8.00	BT30-ER25-060S	1	1	1	44	0	
精加工	[平底]JD-4.00	BT30-ER25-060S	2	2	2	22	0	

图 4-41　刀具表

和夹具设置 ，分别代表工件几何体、毛坯几何体和夹具几何体。在基本设置中，将几何体名称重命名为"小零件几何体"。本例创建几何体的过程如下。

（1）工件设置：选择整个工件模型为工件。

（2）毛坯设置：选用包围盒的方式创建毛坯，选择工件图层曲面，软件自动计算包围盒作为毛坯材料。可依据毛坯实际尺寸，通过扩展调整包围盒的大小，如图 4-42 所示。

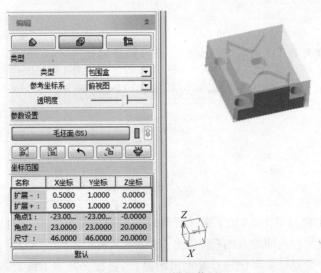

图 4-42　毛坯设置截面

（3）夹具设置：本例可选择模型中的夹具模型。

4）几何体安装设置

单击功能区中的 "几何体安装"，再单击"自动摆放"完成几何体快速安装。若自动摆放后安装状态不正确，可通过软件平移、旋转等其他方式完成几何体安装。

3. 编写加工程序、模拟和输出

采用前述的加工方案进行路径编程，这里不再赘述，编程完毕后进入仿真验证。

（1）单击功能区中的"刀具路径"，选择 "机床模拟"命令，进入机床模拟界面（图 4-43），调节模拟速度后，单击模拟控制台的 ▶ 按钮，开始进行机床模拟。

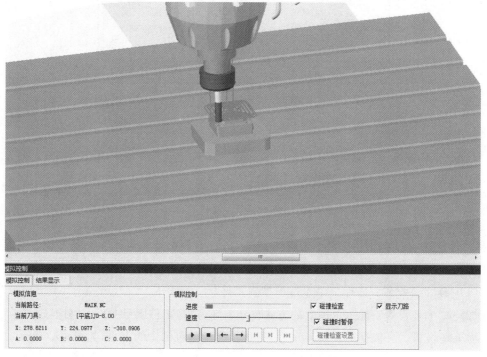

图 4-43 机床模拟界面

（2）机床模拟无误后单击 ，退出命令，模拟路径树如图 4-44 所示。

图 4-44 模拟路径树

顺利完成机床模拟工作后，接下来进行最后一步程序输出工作，具体操作步骤如下。

（1）单击主菜单栏或功能区的 "输出刀具路径"按钮。

（2）在输出刀具路径界面中选择要输出的路径，根据实际加工设置路径输出的排序、输出文件名称。

（3）单击"确定"，输出最终的路径文件，如图 4-45 所示。

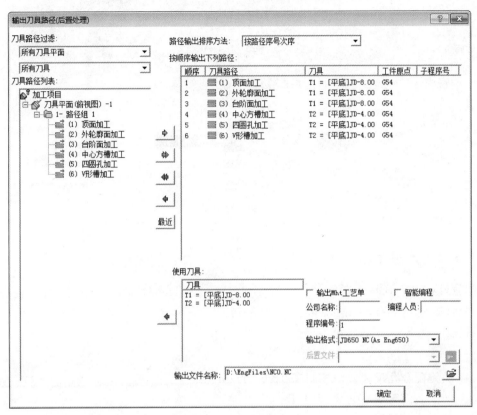

图 4-45　输出刀具路径

4.4　智能化机械加工教学实践——手术抓钳案例

4.4.1　背景信息

近些年，外科微创手术快速发展。微创手术是指依靠腹腔镜、胸腔镜乃至手术机器人等相关设备进行手术，其优点是创伤小、疼痛轻、恢复快。而作为手术器械中的关键部位，手术钳头也随着医生使用要求和产品研发能力的提升得到快速发展，也促进了钳头制造工艺的发展。

医用手术抓钳主要用于小切口手术，由钳头、钳杆和钳柄 3 部分组成，三者通过装配形成一套手术抓钳。目前抓钳为不锈钢多片结构，通过铰链机构进行组合（铰链一端连接钳头，一端通过钢丝牵引连接），通过钳柄控制抓钳的张开和合拢，如图 4-46 所示。

其中，钳杆和钳柄属于通用部件，可以通过外购或者自产加工完成。而钳头部分由于功能不同，结构形式多样，所以生产制造的工作主要围绕钳头展开。由于产品结构越来越复杂，目前市场上主要采用 CNC 全铣加工，部分简单的钳口可以采用线切割加工。

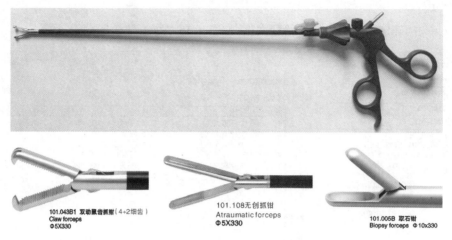

图 4-46　手术抓取钳示例

4.4.2　产品信息

产品材料：17-4PH 不锈钢。

产品尺寸：$\phi6\text{mm}\times23\text{mm}$、$\phi6\text{mm}\times28\text{mm}$。

毛坯状态：$\phi8\text{mm}$ 的棒料。

加工要求：

（1）关键配合孔尺寸公差控制在 $0\sim0.03\text{mm}$。

（2）产品表面无明显振纹、无毛刺。

工艺难点分析：

（1）产品整体尺寸小且结构复杂，如图 4-47 所示，所以需要多角度定位加工，甚至联动加工，容易发生干涉的位置较多。

（2）产品材料为不锈钢，而且所用刀具直径小，最小刀具达到 $D0.4\text{mm}$，在加工圆弧配合部位时，刀具避空之后长径比达到 5：1，容易发生断刀风险。

（3）工件主体夹持部位为镂空结构，壁厚仅 1mm，考虑来料状态和加工工艺，工件本身的刚性较弱，容易发生断裂。

图 4-47　鼠齿抓钳

4.4.3　工艺方案设计

1. 机床配置及附件选择

结合手术抓钳的尺寸特征及加工要求：

（1）毛坯来料为 $\phi8\text{mm}$ 的棒料毛坯，材料去除量低，对主轴切削扭矩并不大。

（2）考虑产品造型较小，所需设备进料空间小。

（3）加工过程中大部分采用直径 2mm 以下的小刀具进行加工，需要较高的转速和稳定性。

采用 JDGR100T（P10SHE）设备进行手术抓钳的加工，如图 4-48 所示，机床配置 JD105S-28-HE32 高速电主轴，完全可以进行小刀具的使用和产品加工，如表 4-1 所示。

机型特点

◆ 采用**全闭环技术**，可有效提高零件的加工精度和机床精度稳定性
◆ 采用定梁龙门结构，整体刚性强，结构紧凑
◆ 采用**悬臂式双轴转台**，B、C轴采用直驱技术
◆ 采用**精雕高速同步电主轴**，可满足小刀具的稳定加工

图 4-48　JDGR100T（P10SHE）

表 4-1　机床配置

附件名称	配置说明
激光对刀仪	针对小刀具的直径、长度和轮廓进行测量和补偿
OMP400 测头	针对关键尺寸进行机内测量，缩短研发制程
油雾分离系统	改善车间环境，控制加工区域内的稳定性

环境：在温度波动＜±1.0℃/24h 的恒温车间进行加工，周边没有大型开粗等振源。

风向：空调、抽风口等空气流通装置的风向不能正对着机床的任何部位。

地基：机床所需地基需要至少 60cm 厚的水泥地基，并具有隔振沟。

2. 装夹方案设计

在设计工装夹具方案时，主要考虑产品尺寸小，容易发生干涉的位置较多，其次产品种类不同导致尺寸大小不一，导致毛坯来料直径有差别。所以，我们设计了依靠零点快换的可替换式装夹方案，主要依靠夹头的形式进行装夹，依靠换刀扳手进行锁紧。图 4-49 所示方案为采用 ISO25 的压帽形式、ER16 的夹头，可夹持的毛坯直径为 1～10mm，压帽直径为 22mm，与刀柄干涉概率低，可有效缩短装刀长度。

压帽夹头式
夹持方案

可替换式夹具

零点快换

图 4-49　夹具示意

3. 刀具选择

通过 Surfmill 软件的 DT 编程技术,可以有效输出使用刀具的参数信息,具体如表 4-2 所示。其中,由于工件结构较小,所用刀具尺寸较小,可以通过软件的模拟计算提前预估断刀风险,通过调整加工角度,缩短刀具避空长度和装夹长度,从而提升刀具刚性;还可以通过调整切削参数、减小切削力,降低关键刀具断刀风险。

表 4-2　刀具工艺表

序号	刀具类型	刀具规格	刀具最短避空长度/mm	最短装刀长度/mm
1	平底刀	D4	—	6.2
2	平底刀	D2	5	17.5
3	平底刀	D1	3.2	3.7
4	平底刀	D0.8	2.5	3
5	平底刀	D0.4	1.7	4.3
6	牛鼻刀	D1R0.1	—	13
7	球头刀	R0.5	—	4
8	球头刀	R0.3	1.1	2
9	球头刀	R0.2	2	3
10	燕尾铣刀	D4-80°	—	—

由于产品结构特征存在较多防滑槽,经过对比测试,采用球头刀精加工时间为 50min,采用仿形燕尾铣刀精加工时间为 20min。

4. 刀柄选择

由于刀具尺寸较小,选用的转速高达 24000r/min。为保证切削时刀具的可靠性,要控制关键刀具跳动小于 0.004mm。且选择精雕高速无风阻刀柄(图 4-50),可有效减少油雾的产生,保证加工区域内状态稳定。

5. 工艺流程设计

针对钳头加工,考虑上游毛坯来料状态和后续工艺手段,精雕采用的工艺方案为采用五轴设备一序完成开粗、半精、精和落料加工。如图 4-51 所示。

图 4-50　精雕高速刀柄

图 4-51　精雕采用的工艺方案

如图 4-52 所示,其中钳口圆弧部分区域结构复杂,存在配合使用的圆弧槽,若存在残料加工不到位,后续无法打磨抛光到位,则导致产品无法使用,所以需要将连接部位设置在钳口的齿端部位。

(1)开粗:由于产品齿状夹持部位中间属于镂空结构,一次开粗成形会导致后续加工过程中工件刚性较差,导致产品后续加工过程中发生工件变形甚至断裂。钳口头部开粗示意图如图 4-53 所示。

(2)精加工:为保证精加工时小刀具不断刀,优选切削转速,我们测量了该台设备的主轴振动,根据测量结果选择转速时尽量避开高振动幅值的转速范围。

（3）齿加工:为提升产品加工效率,针对齿状部位采用仿形燕尾铣刀进行精加工,将精加工时间由原先的 50min 缩短至 20min,如图 4-54 所示。

图 4-52　工艺方案中连接筋设计　　图 4-53　钳口头部开粗示意图　　图 4-54　仿形燕尾铣刀精加工

表 4-3　加工工步

加工机床	工步	刀具	余量/mm
JDGR200_A10H	开粗	D4	0.1
	精加工	R0.5	—
	清根	R0.2	—
	齿加工	燕尾铣刀 D4-80°	

4.4.4　测量方案设计

通过在机测量系统,检测加工完后的产品尺寸,并根据反馈进行补偿调整,确保配合位置尺寸在 0.03mm 以内,同时通过机内检测缩短产品试制周期。在测头选择上,选择各向异性更好、灵敏度更高的雷尼绍 OMP-400 测头。

针对关键的小孔位尺寸精度,采用通止规进行快速检测。

4.5　机器人辅助无人加工案例介绍

4.5.1　主要功能

智能制造生产线集成精密制造典型的工艺设备,由 3 台 JDGR200T 五轴高速加工中心、复合机器人、末端手爪、存储料库、充电桩、装夹系统、安全防护、RFID 电子芯片管理系统、产线控制系统等组成,如图 4-55 所示,实现精密零件的全自动化生产与检测。

机器人辅助无人加工

图 4-55　复合机器人智能制造生产线布局示意图

4.5.2 主要配置

1. JDGR200T(P15SHA)五轴高速加工中心

JDGR200T(P15SHA)作为北京精雕自主研发的高端加工设备,拥有从主机到关键部件的自主知识产权,如图 4-56 所示。它具备稳定的微米级加工能力,实现"0.1μm 进给、1μm 切削、纳米级表面效果"的卓越精度。其 φ150mm 高速同步主轴结合在机检测系统,确保工件、刀具及机床状态的实时监控与修正,有效提升零件精度和加工效率。该加工中心适用于电子、医疗、光学等行业的精密零件制造。

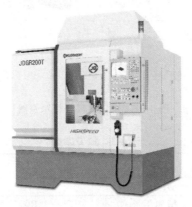

图 4-56 JDGR200T 五轴高速加工中心示意图

2. 复合机器人

复合机器人融合了 AGV 与协作机器人技术,能够实现自动工件搬运、物料分拣和物品上下料等任务,如图 4-57 和图 4-58 所示。AGV 采用多线激光＋视觉导航,实现±5mm 的重复定位精度,无需额外标记,安全可靠。协作机器人则装备了 3D 相机和手爪,用于物料识别与搬运,具备 RFID 信息读取能力,确保物料信息的准确追踪。

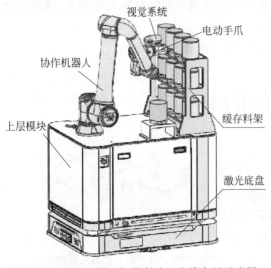

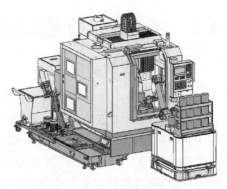

图 4-57 复合机器人智能制造生产线布局示意图   图 4-58 机床上下料示意图

3. AGV

AGV 专为工业环境设计,提供端到端的物流解决方案,支持多传感器融合导航,具备自我感知与避障能力,如图 4-59 所示。其移动速度可控,重复定位精度高,安全防护完善,支持自动充电和快速换电,保障连续作业。

4. AGV 充电系统

AGV 充电系统如图 4-60 所示,充电系统与 AGV 调度系统集成,实现电池状态实时监控与自动充电控制,确保 AGV 的高效运行。充电桩旁需配备消防设备,以确保安全。

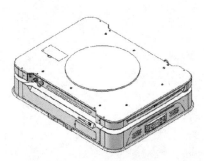

图 4-59　AGV 外形示意

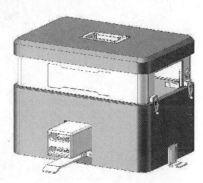

图 4-60　AGV 充电桩示意图

5. 协作机器人

协作机器人适用于搬运与装卸、包装及拣选等,具有安全性高、易操作、开放性等特点,广泛应用于汽车零部件、五金加工等领域,如图 4-61 所示。机器人末端配置 3D 相机和手爪组件,实现托盘的搬运,可读取托盘 RFID 信息。本案例中配备的协作机器人具备 6 个自由度,最大工作半径达 967.5mm,负载为 16kg,重复定位精度为 ±0.03mm,适用于搬运、装卸、包装等作业,防护等级为 IP54。

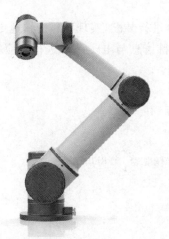

图 4-61　协作机器人示意图

6. 人机交互系统

人机交互系统主要用于对自动化产线进行操作,该系统主要由一体机、操作台等组成,如图 4-62 所示。可以实现订单创建、设备控制、信息查看、报警处理等功能。

图 4-62　工业一体机示意图

7. 装夹系统

智能制造产线规划的标准夹具可进行模块化组合及拆装,使智能制造产线适配生产零件类型的多样化,满足尺寸要求范围内的各种类型零件,在进行标准装夹工艺的规范下,均可进行装夹定位,实现自动化加工。

此项目采用零点快换卡盘组件,将毛坯与托盘进行装配,实现物料的快速更换。托盘由标准托盘、定位组件及 RFID 载码体等组成,将物料信息与电子芯片进行对应绑定,可实现整个加工过程中的物料信息管控,如图 4-63 所示。

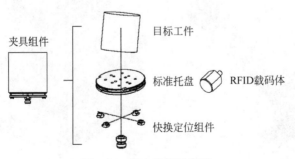

图 4-63　装夹系统示意图

8. 产线控制系统

产线控制系统集成了智能调度算法,实现机器人集群的协同作业,以优化路径分配,避免交通拥堵,提高 AGV 的运行效率。

　　智能调度算法集成多车调度、最优路径分配、交通管制、自我学习等功能,实现机器人集群协同,提高 AGV 的运行效率,实时监控系统运行和配置管理。调度系统界面示意图如图 4-64 所示。

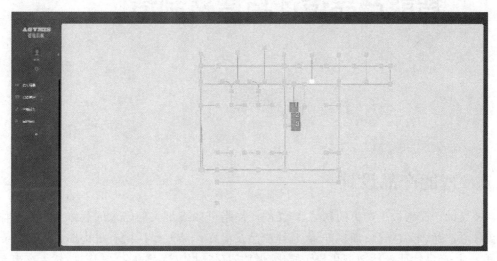

图 4-64　调度系统界面示意图

第5章

智能产品设计与增材制造

5.1 智能产品设计

狭义的产品指被生产出的物品,广义的产品指可以满足人们需求的载体。产品整体概念由核心产品、形式产品、期望产品、延伸产品及潜在产品五个层次有机构成。当进行新产品开发时,产品特征包括微型化与轻便化、多功能化、时代感、简易化、适应性、优点突出与个性化体现、智能化等。

产品的开发是指从用户需求出发,分析需求的特征,解决市场痛点,满足用户实际需要,而进行的研究开发,包括产品创意、创新构思、工艺设计、制造流程更新再造等一系列决策过程。产品开发既包括新产品的全新研制,也包括对原有产品的改进与迭代,实质是根据市场需求推出具有不同内涵与外延的新产品或服务。

传统的产品开发模式是串行的,以书本、经验、调查研究等传统方式获取认知为基础,按照概念设计、初步设计、详细设计、生产、销售、产品运行、报废、回收多个阶段依次进行。

现代产品开发模式是并行的,设计者在设计过程中通过物联网、大数据、智能分析、虚拟现实等新技术可以及时、充分地获取产品全生命周期各环节的现场数据、专家知识、使用者经验与需求等,从而实现设计、制造、使用一体化考虑,在设计的早期就可以充分考虑制造和产品运行过程中的问题。

产品设计作为工业革命生产关系变革后方法论体系工业设计中的一个工作对象,是一个将人的某种目的或需要转换为一个具体物理形式或工具的过程,是将一种计划、规划设想、问题解决方法,通过具体的载体以美好的形式表达出来的一种创造性活动过程。从本质上说,产品设计是从产品的最初想法、草图、制作到实现顾客手中产品的所有工作。它是站在用户的角度思考问题、解决问题的。

产品设计阶段要全面考量整个产品策略、功能、形态、色彩、材料、结构、技术等生产制造逻辑,从而逐步建构整个生产系统的布局,因此,产品设计的意义重大,具有牵一发而动全局的重要意义。如果一个产品的设计缺乏生产观点,那么生产时就会耗费大量成本调整或更换设备、物料和劳动力。相反,好的产品设计,不仅体现功能上的优越性,而且便于制造、生产成本低,从而使产品的综合竞争力增强。许多在市场竞争中占优势的企业都十分注意产品设计的细节,以便设计出造价低而又功能独特的产品。

现代产品设计是一种综合性的、系统化的方法,将多学科领域的知识和技能应用于产品开发的过程,以创造出满足用户需求、市场需求和技术可行性要求的产品。该过程旨在开发具有独特性、创新性和实用性的产品,从而满足消费者对产品的需求和期望。现代产品设计的发展历程可以归纳为 4 个阶段。

(1) 工业革命时期,随着机器制造的发展,产品生产的规模和效率得到大幅提高,设计师开始注重产品的功能性和实用性。

(2) 现代主义时期,即 20 世纪前半期,设计师开始探索新材料和新技术的应用,追求简洁、功能性和工业化生产。

(3) 消费主义时期,即 20 世纪中后期,随着消费主义的兴起,产品设计开始注重市场营销和品牌形象,外观和风格成为产品设计的重要因素。

(4) 信息时代,即 21 世纪,随着信息技术的发展和互联网的普及,产品设计开始注重用户体验和数字化交互,设计师开始关注数据分析和用户研究,以创造更加个性化和智能化的产品。

智能产品设计是一种基于人工智能、互联网、物联网等技术的产品设计方法,旨在创建能够通过学习、自适应、自主控制等方式提供更智能化、个性化服务的产品。智能产品设计需要设计师具备多种技能,如工业设计、交互设计、人机交互和数据分析等。设计师需要综合考虑产品外观、功能和用户体验等多方面,以实现产品的智能化和用户满意度的最大化。智能产品设计的目标是创造更智能化、更高效、更便捷的产品,以提供更好的用户体验和服务。

智能产品设计的发展历程可以追溯到 20 世纪 50 年代的工业自动化时代。

(1) 20 世纪 50 年代出现了计算机和数字技术,开始实现数字化生产和自动化控制。

(2) 20 世纪 60 年代出现了工业机器人,开始实现机械化和自动化生产。

(3) 20 世纪 70 年代出现了计算机辅助设计和计算机辅助制造技术,实现了数字化设计和制造。

(4) 21 世纪初出现了基于人工智能技术的智能产品设计,如智能家居、智能手机、智能手表等,实现了智能化和个性化服务。

(5) 21 世纪初期至今,智能产品设计逐渐向智能制造和智能服务方向发展,如工业 4.0、智能医疗、智慧城市等领域,实现了数字化、智能化和服务化的融合。

从技术发展角度看,智能产品设计的发展历程可归纳为原始阶段、互联网阶段、人工智能时代和物联网时代。

(1) 原始阶段,智能产品的设计师通常只关注产品的功能性和实用性,如早期的家庭计算机只能完成简单的文本处理和数据输入/输出任务。

(2) 互联网阶段,随着互联网技术的发展,设计师开始将产品的功能与互联网连接,实现更加便捷、高效的用户体验。如智能手机等设备,可以随时随地获取互联网信息和服务。

(3) 人工智能时代,随着人工智能技术的发展,设计师开始将人工智能技术应用于产品设计,实现更加智能化、个性化的服务。如智能语音助手和智能家居设备等,可以通过人工智能技术实现语音识别、自我学习和自主控制等功能。

(4) 物联网时代,随着物联网技术的发展,设计师开始将产品与物联网连接,实现更智能化、更便捷、更高效的服务。如智能家居设备可以通过连接物联网,实现更加智能化和自主控制的功能,为用户提供更好的家庭服务体验。

　　智能产品设计涉及的关键技术有人工智能、物联网、增材制造、虚拟现实等。其中在制造方面,增材制造是非常重要的一项使能技术,在智能制造中扮演着推动创新、提高效率、降低成本、实现个性化生产和环境友好生产的关键角色。增材制造(additive manufacturing,AM),又称 3D 打印,它通过将三维模型分层切片,再逐层堆积材料这一全新的方式制造零件。增材制造的核心思想可以概括为 8 个字:离散分层,逐层堆积。从成形角度看,任何一个三维物体可视为很多个"点""线""面"组合而成。增材制造技术从 CAD 数字模型中离散得到点、线、面的几何信息,再与成形工艺参数信息结合,控制材料有规律、精确地由点到线、由线到面、由面到体地堆积零件。从制造角度看,它根据 CAD 造型生成零件三维几何信息,控制多维系统,通过喷头、激光束或其他方法将材料逐层堆积而形成零件。

　　具体来说,增材制造的基本流程如图 5-1 所示。首先将零件的三维曲面或实体模型按照一定的规则离散为一系列有序单元,通常在高度方向按一定厚度进行离散(习惯称为分层或切片),将原来的三维模型变为一系列二维层片(降维制造);再根据每个层片的轮廓信息进行工艺规划,选择合适的工艺参数,自动生成数控代码;最后成形机(3D 打印机)接受数控指令,制造一系列层片并逐层堆积,得到三维物理实体。

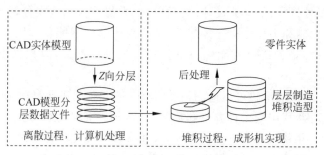

图 5-1　增材制造的基本流程

　　增材制造技术起源于 20 世纪 80 年代的美国,主要经历了技术诞生、装备推出、大规模应用 3 个阶段。近些年来随着计算能力、新型设计软件、新材料及互联网的推动,增材制造技术发展十分迅速。增材制造技术的应用领域包括汽车工业的产品原型、工装夹具制造,航空航天领域的轻量化复杂结构件制造,生物医疗领域的医疗器械、定制化植入物、活体打印,影视领域的场景道具、服饰、定格动画制作,消费品领域的个性化定制眼镜、鞋具,时尚领域的创意珠宝首饰艺术品等。增材制造作为先进制造领域最有代表性的技术之一,势必创造新的商业模式,改变现有的产业结构,对世界经济产生重大影响。

5.2　增材制造的设计方法

　　由增材制造的工艺流程可以看出,其数据处理主要包括三维建模、模型分层切片、打印机成形制造 3 部分。一般情况下,三维建模是一个独立的模块,而模型分层切片和打印机成形制造则一般集成在打印机自带的控制软件中。

　　客观世界中的物体都是三维的,而在计算机系统中,需要使用点、线、面等几何元素对其进行数字化描述和定义。点表示三维物体表面的采样点,线表示点之间的连接关系,面表示以物体表面离散片体逼近或近似真实表面。点、线、面的集合构成了形体。形体有两大几何属性需要进行数字化定义：一是几何信息，即点、线、面几何元素在欧氏空间中的数量和大小度量；二是拓扑信息，即几何元素间的连接关系。

三维建模是计算机图形图像的核心技术，在医疗、影视、游戏、建筑、地理等多领域应用广泛，而制造业是其中最大的用户。利用三维建模可以为产品建立数字样机，进行性能分析和验证，从而实现数字化制造。无论是增材、等材或减材制造，3D 模型都是计算机辅助设计的数据源。学习和掌握三维建模关系着 3D 打印机能否将个人头脑中的创意想法数字化，并被打印机控制软件正确读取，最终制造出设计的产品。

5.2.1　三维建模设计软件

目前市面上常见的三维建模软件可以分为两大类：一类是工程类建模软件，另一类是艺术类建模软件。这两类建模软件虽然都可以进行模型设计，但是在建模方法和思路上有很大的区别。

1. 工程类建模软件

此类软件主要应用于工业零部件、建筑等需要以尺寸作为基础的模型设计。其功能特点是参数化程度高、精度高，还可以进行专业化分析和仿真。参数化是以数据作为支撑的，数据与数据之间存在相互联系，改变一个尺寸就会对多个数据产生影响。所以参数化建模的最大优势在于可以通过改变参数尺寸实现对模型整体的修改，从而实现对设计的快捷修改。代表软件有 CATIA、UG、Pro-E、AutoCAD、Solidworks 等。

2. 艺术类建模软件

此类软件使用起来没有工程类建模软件那么多的限制，相较于模型的大小和尺寸，艺术建模更偏向于模型的外形设计。一般而言，建模主要通过对点、线、面进行细微的勾勒，从而实现对模型的修改。其功能特点是丰富的曲线绘制编辑、布料模拟、毛发渲染、数字雕刻和绘画。在应用方面也偏向于影视特效、游戏人物或场景建模等。代表软件有 3DS Max、Maya、Rhino(犀牛)、Blender(开源免费)、ZBrush 等。

增材制造领域目前通用的文件格式是 STL(standard triangle language)，它是 3D Systems 公司 1988 年制定的一种为 3D 打印技术服务的三维图形文件格式。它通过三角形网络表示实体，只描述三维物体几何信息，不支持颜色材质等其他信息。但是由于数据简化，格式简单，STL 很快普及，已经逐渐成为该领域的默认工业标准。

近些年国外在推广一些可以存储更多信息的文件格式。一大阵营是国际标准化与标准制定机构(ASTM)力推的新数据格式 AMF。AMF 是以 STL 格式为基础，弥补了其弱点的数据格式，新格式能够记录颜色、材料、网格、纹理、结构和元数据。AMF 可在一个结构关系中表达一个或多个实物。与 STL 相似，表面几何信息用三角形网格表示，但在 AMF 中三角形网格可以弯曲。AMF 也可以在网格中指定每个三角形的颜色及每个体积的材料与颜色。AMF 标准基于 XML(可扩展标记语言)，这有两个好处：一是不仅能由计算机处理，人也能看懂；二是将来可通过增加标签轻松扩展。新标准不仅可以记录单一材质，还可针对不同部位指定不同材质，并分级改变两种材料的比例进行造型。造型物内部的结构用数字公式记录。可指定在造型物表面印刷图像，还可指定 3D 打印时最高效的方向。另外，还能记录作者的名字、模型的名称等原始数据。

另一大阵营是由微软牵头的 3MF 联盟,于 2015 年推出全新的 3D 打印格式 3MF(3D manufacturing format)。相较于 STL 格式,3MF 档案格式能够更完整地描述 3D 模型,除几何信息外,还可以保持内部信息、颜色、材料、纹理等其他特征。3MF 同样是一种基于 XML 的数据格式,具有可扩充性。对于使用 3D 打印的消费者及从业者来说,3MF 最大的好处是大品牌支持这种格式,例如 Microsoft、Autodesk、Dassault Systems、SLM、HP、Shapeways。微软 Windows 10 系统原生支持 3MF 格式,内置的 3D 查看器可直接打开 3MF 文件。

5.2.2 三维建模的设计原则

传统的 3D 设计行业,比如动画设计或者建筑设计,设计时基本上只需要考虑 3D 模型的外形,甚至可以忽略物理世界。绝大多数的场景和物体仅仅包含可见的网格,物体由片和线构成,不需要相互连接。但如果要使设计出的 3D 模型用于 3D 打印机并按预期制造出来,则需要遵守以下设计规范。

1. 模型必须是封闭的

也就是通俗的"不漏水",3D 模型必须是一个边界完整的整体,如果模型有洞或开口,打印机无法辨认边界,则不能打印,如图 5-2 所示。

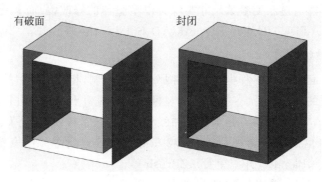

图 5-2 封闭模型示例

2. 没有重合、叠加

三维模型各对象之间的体不能有重合、相交。交叉面会造成体积重合,这会造成体积计算不准确,多算体积,还会使定位面的朝向出现问题,如图 5-3 所示。解决的办法是利用布尔运算或组合工具。

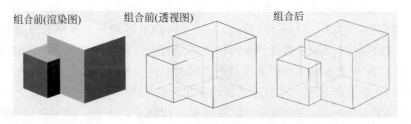

图 5-3 重合叠加的模型示例

3. 模型必须为流形

流形是一个数学概念,指局部具有欧几里得空间性质的空间。举例来说,地球球面就是一个二维流形,对于球面上的一个曲面三角形,可以摊开展成一个二维欧几里得空间的平面三角形。在 3D 模型中,如果一个模型中存在多个(3 个或以上)面共用一条边,那么它就是非流形的,因为这个局部区域由于自相交而无法摊开展平为一个平面。如图 5-4 所示,两个立方体共用 1 条边,换言之,这个边被 4 个面共用。解决的方法是将两个立方体分开,或者进一步接近直至发生重叠,再进行组合。

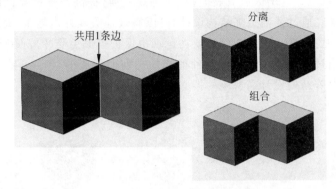

图 5-4　非流形模型示例

4. 法向一致

法线用于区分内外平面,这对于打印机很重要,否则 3D 打印机无法识别模型的边界。3D 模型中所有面上的法向需要指向一个正确的方向。如果你的模型中包含互相矛盾的法向,3D 打印机就不能判断是模型的内部还是外部。

5. 最小间隙

最小间隙是针对存在多个实体、需要组合的模型,相邻两个装配面之间的最小距离。这与 3D 打印机的物理极限有关系,如果最小间隙小于 3D 打印的打印极限,两个壁会合成一个,导致区分不出来或者有支撑,或者残留物取不出来。如果想一次性打印成功可活动的物品或关节物品,关节处或连接处至少需要预留 0.5mm 的间隙。

5.2.3　面向增材制造的设计

由于增材制造最大的优势在于各种复杂结构的实现,因此结构的设计创新和优化是增材制造深化应用的核心。目前主要的设计方法包括镂空点阵结构和拓扑优化。

1. 镂空点阵结构

在结构设计方面,镂空点阵结构作为一种轻质、多功能结构已成为增材制造的重点研究领域。所谓镂空点阵结构,是指由大量形状相同或相似的晶格单元通过某种形式的周期性排列而形成的多孔结构。如图 5-5 所示的一个连杆机械零件,它的内部就是由晶格单元进行周期性的阵列排布,代替原有的

图 5-5　具有镂空点阵结构的连杆机械零件

实体部分而成。

镂空点阵结构具有轻量化、高强度-重量比、超大的比表面积、出色的减振和冲击保护、吸振和降噪等一系列独特的特点,在现代工程和设计中非常受欢迎,尤其是在那些对减轻重量、提高性能和创新设计有高要求的应用。例如工业领域的机械结构件,通过镂空点阵将原有的实体进行轻量化减重。在生物医疗领域,人体的骨骼在手术后修复重建,可使用 3D 打印的钛合金定制假体植入,假体的表面采用多孔化结构,使软组织贴附紧密减少死腔,同时假体的高强度、低模量特性可减少应力遮挡骨吸收。在热能领域,镂空点阵结构由于其独特的内部孔洞设计,可以显著增大有效表面积,促进热交换,提高热交换器性能。在时装鞋具领域,3D 打印的鞋底通过镂空点阵结构设计,可以有效地吸收冲击能量,提供优异的减振效果,这对于运动鞋尤其重要,因为它们需要在运动中保护脚部免受冲击损伤。

点阵结构是通过对晶格单元进行某种形式的排列而形成的,图 5-6 给出了镂空点阵结构生成示意图。点阵结构设计需解决的核心问题包括如下三点。

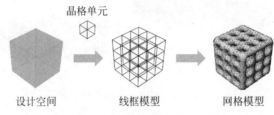

晶格单元

设计空间　　　　线框模型　　　　网格模型

图 5-6　镂空点阵结构生成示意图

(1) 晶格设计。晶格是镂空结构中最基本的单元,需支持从 2.5D(三角形、正方形、长方形、六边形、八边形、混合晶格等)到 3D(X 形、星形、六角、八角、二十面体等晶格等)的多种晶格单元,同时最好能支持用户自定义晶格单元。

(2) 框架生成。给定初始拓扑结构和约束条件,快速构造框架的一种技术。给定晶格类型、晶格尺寸及晶格数量,生成基本的晶格箱框架,包括规则的周期性方形或圆柱形框架,以及复杂的贴合曲面曲率的随型框架,通过随机算法在填充域内产生随机分布的框架等。

(3) 镂空结构体生成。由晶格组装成的模型是设计空间内的线框骨架,由边线和端点组成。该线框模型需加厚给定尺寸以转换为实体。加厚处理是指遍历线框中的边线,在边线基础上生成截面是圆形或其他形状的杆件。给边线加厚有均匀密度和变密度两种方式,其中均匀密度方式里边线采用统一的截面积生成,变密度方式里边线的截面积是变化的,通过梯度公式可以实现从小到大、从大到小或者中间大两边小等分布情况。

2. 拓扑优化

拓扑优化是一种根据给定的负载情况、约束条件和性能指标,在给定的区域内对材料分布进行优化的数学方法,是结构优化的一种。简言之,就是在给定的条件下生成最优的结构。拓扑优化方法是寻求高性能、轻量化、多功能创新结构的有效设计方法,现已广泛应用于航空航天、汽车制造、建筑设计等技术领域。

受传统加工技术的限制,基于拓扑优化方法的结构设计在工程实践中的应用还较少。近年来,3D 打印技术的飞速发展为复杂拓扑优化结构的制造提供了新的途径,从而使拓扑优化设计受到人们越来越多的重视。3D 打印技术采用材料由下至上逐层累加的方式制造结构,能够实现高度复杂几何结构的自由"生长"成形,特别适合用于成形拓扑优化设计的复杂结构件。得益于这一特性,工程师能够突破传统制造工艺的约束,在"设计即产品""功能性优先"的理念下设计轻量化、高性能产品,更大限度地提升轻量化结构设计的效率。2016 年,空中客车集团子公司 APWorks 发布了全球首辆 3D 打印摩托车,名为 Light Rider,如图 5-7 所示。这辆 3D 打印摩托车重量仅为 35kg,车框架重量仅为 6kg,比普通电动摩托车轻 30%。Light Rider 的框架被描述为一种"有机外骨骼",是模仿动物骨骼的仿生力学结构,轻量化而且坚固,足以满足一个成年人的正常骑行。

图 5-7　全球首辆 3D 打印摩托车

拓扑优化的设计是一个相对复杂的过程,其基本流程如图 5-8 所示。拓扑优化设计需解决的核心问题包括如下几点。

(1) 拓扑优化模型定义方法。拓扑优化问题的首要步骤是定义求解模型,这包含两方面内容:一是对几何模型的定义,包括定义优化区域及排除区域;二是对边界条件的定义,包括力边界条件和位移边界条件等。

(2) 典型约束及优化目标描述方法。一般的拓扑优化技术能够针对特定优化目标进行结构优化,这些目标通常是最大化结构刚度或最小化结构质量。对于一些特殊问题,还可以针对特征频率或极限应力等进行优化设计。

(3) 拓扑优化高效求解算法。拓扑优化通常需要利用有限元的思路对连续结构体进行离散处理,生成的有限元网格数量庞大,而且要反复迭代计算才能达到满意的效果,这就导致大量的计算资源消耗。因此高效的求解算法对提高拓扑优化的效率至关重要。

(4) 后拓扑结构设计方法。在基于密度表达法的拓扑优化过程中,由于最终结果存在中间密度值,因此经过初始拓扑优化获得的设计模型,其表面往往比较粗糙,不适合直接进行制造,需要进一步进行后拓扑结构设计。后拓扑结构设计是在最大限度保留拓扑优化结构特征的基础上,考虑力学要求、美学要求及装配要求的最终设计模型,并根据需要对其进行参数化以利后续详细设计。

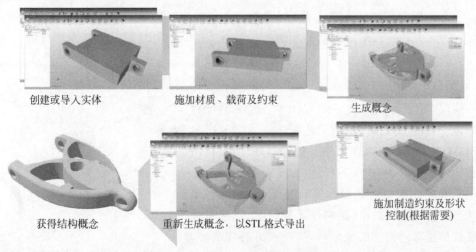

创建或导入实体　　　施加材质、载荷及约束　　　生成概念

获得结构概念　　　重新生成概念,以STL格式导出　　　施加制造约束及形状控制(根据需要)

图 5-8　拓扑优化基本流程

5.3　增材制造的工艺与装备

增材制造的核心思想是通过层层堆积材料的方式制造实物。而连接每层材料的方法很多,不同类型的材料通过不同方式连接在一起:金属材料通常通过金属键连接,聚合物分子通常通过共价键连接,陶瓷材料通常通过离子和/或共价键连接,复合材料可以通过上述任一方式连接。不同种材料决定了不同的增材制造工艺。另外,连接操作还受材料送入系统时的形态及送料方法的影响。对于增材制造工艺来讲,其使用的原材料通常为粉末(干燥、糊状或膏体)、丝材、片材、熔融及未凝固的液态聚合物。根据原材料的不同形态,原材料被逐层分布到粉末床中,通过喷嘴/打印头沉积在实物中逐层叠加,或用激光加工液体、糊状或膏体。由于材料的种类众多,不同类型的原材料及送料方式,形成了多种可以用作增材制造的工艺原理。中国机械工程学会按照材料形式和工艺实现方法,将其细分为如下五大类。

(1) 液态树脂材料通过特殊光照后固化成形,如陶瓷膏体光固化成形(stereo lithography apparatus,SLA)、数字光处理(digital light processing,DLP)工艺等。

(2) 丝状材料通过高温挤出,再热熔成形,如熔丝沉积成形(fused deposition modeling,FDM)等。

(3) 粉末或丝状材料通过激光烧结熔化成形,如激光选区烧结(selective laser sintering,SLS)、激光选区熔化(selective laser melting,SLM)、激光近净成形(laser engineered net shaping,LENS)等。

(4) 某些粉末材料在黏结剂作用下黏合成形,如三维印刷等。

(5) 片/板/块等材料采用黏结方式成形,如分层实体制造(laminated object manufacturing,LOM)等。

其中,SLA、FDM、SLS这三种工艺比较常见,应用较广。下面将对上述分类中的代表性工艺技术进行详细介绍。

5.3.1　熔丝沉积成形

熔丝沉积成形(FDM)由美国学者 Dr. Scott Crump 于1988年研制成功,并由美国 Stratasys 公司推出商品化机器。FDM 工艺使用一个加热头将丝状材料加热熔化,从喷嘴中挤出,沉积到底板上,经冷却黏结,固化生成一薄层,层层叠加形成三维实体。它是目前增材制造领域一种应用较为广泛的工艺方法。

FDM 工艺的工作原理如图 5-9 所示,成形材料由供丝机构送至喷头并加热至熔融态,喷头在控制系统指令下沿着零件截面轮廓和内部轨迹运动,同时将半流动状态的热熔材料挤出,涂覆在工作台上,迅速固化后形成截面轮廓。当前层成形后,喷头上升特定高度,再进行下一层的涂覆,层层堆积形成三维产品。

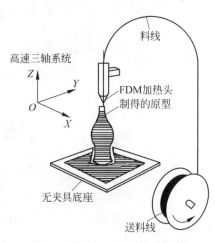

图 5-9　FDM 工艺的工作原理

可应用 FDM 技术的成形材料广泛,主要有 ABS、PLA、尼龙、石蜡、铸蜡、人造橡胶等熔点较低的材料。

1) ABS

ABS 是丙烯腈-丁二烯-苯乙烯共聚物,其分子式可以写为 $(C_8H_8 \cdot C_4H_6 \cdot C_3H_3N)_x$。其中丙烯腈(A)占 15%～35%,丁二烯(B)占 5%～30%,苯乙烯(S)占 40%～60%,最常见的比例是 A∶B∶S=20∶30∶50。随着三种成分比例的调整,材料的物理性能会发生一定的变化。其热变形温度为 93～118℃;熔化温度为 220～270℃。

从打印性能方面看,在喷头加热端,ABS 塑料相当容易打印。对于大多数挤出机构,都能顺滑地挤出材料,不必担心堵塞或凝固,然而挤完后的步骤却有点困难。这种材料具有遇冷收缩的特性,会从加热板上局部脱落、悬空,产生问题。因此,ABS 打印时成形平台需要加热到 80℃左右。

ABS 打印件的强度较高,但最大的缺点是打印时会产生轻微的刺激性不良气味,一般建议在密闭的成形仓内打印,并配备空气过滤装置。

2) PLA

聚乳酸(polylactic acid,PLA)是一种新型的生物基及可再生生物降解材料,由可再生的植物资源(如玉米、木薯等)提炼出的淀粉原料制成。淀粉原料经由糖化得到葡萄糖,再由葡萄糖及一定的菌种发酵制成高纯度的乳酸,通过化学合成方法合成一定分子量的聚乳酸。其具有良好的生物可降解性,使用后能被自然界中的微生物在特定条件下完全降解,最终生成二氧化碳和水,不污染环境,这对保护环境非常有利,是公认的环境友好型材料。PLA 的熔化温度为 180～210℃,但其玻璃转化温度仅为 60℃左右。

在打印性能方面,PLA 几乎与 ABS 完全相反,经常堵塞加热端(尤其是全金属制的加热端)。这是因为 PLA 熔化后容易附着和延展。但这并不代表 PLA 不适合打印。只要在装设轴承时滴一滴油到热端,就能顺滑不堵塞。

PLA 打印时基本无气味,具有较低的收缩率,即使打印较大尺寸的模型,也表现良好。PLA 打印的模型强度略低于 ABS,但表面光泽性优异,色彩艳丽。

FDM 工艺由于结构相对简单,运行与维护费用比较低,所以极大地促进了它的普及,在制造概念模型方面具有独特的优势,目前成为增材制造领域中最普及的方法。但是,FDM 工艺也有其局限性:喷嘴必须按一定的轨迹运动,加上自身重量导致惯性较大,所以成形速度有限,制造时间较长;成形零件的表面条纹比较明显;零件的悬空部分需要设计辅助支撑结构,增加了后处理的工作量。美国 Stratasys 公司最先进的 FDM 打印机可提供水溶性丝材当作支撑结构的材料,模型加工完毕后只需要通过水洗处理,就可以快速、便捷地去掉支撑结构,极大地简化了后处理过程,提升了零件的表面质量。

5.3.2　陶瓷膏体光固化成形

陶瓷膏体光固化成形(SLA)由美国学者 Charles Hull 于 1984 年发明,通过紫外激光照射液态光敏树脂成形。它是最早发展起来的 3D 打印技术,Charles Hull 因此被后人称为“3D 打印技术之父”。他于 1986 年成立了 3D Systems 公司,开发 SLA 商用设备,并制定了用于 3D 打印的三维图形文件格式 STL。通过将 CAD 模型进行三角化处理,STL 格式成为 3D 打印领域 CAD 接口文件格式的工业标准之一。

　　SLA 工艺是基于液态光敏树脂的光聚合原理工作的。这种液态材料在一定波长和强度的紫外光照射下能迅速发生光聚合反应,分子量急剧增大,材料也由液态转变为固态。SLA 工艺原理如图 5-10 所示,液槽中盛满液态光固化树脂,激光束在偏转镜作用下,能在液态表面上扫描,扫描的轨迹及激光的有无均由计算机控制,光点扫描到的地方,液体就会固化。成形开始时,工作平台位于液面下一个确定的深度,液面始终位于激光的焦平面,聚焦后的光斑在液面上按计算机指令逐点扫描,即逐点固化。当一层扫描完成后,未被扫描的地方仍是液态树脂。然后升降台带动平台下降一层,已固化成形的层面上又布满一层树脂,刮平器将黏度较大的树脂刮平,再进行下一层扫描,新固化的一层牢固地黏在前一层上,如此重复,直到整个零件制造完毕,得到一个三维实体模型。

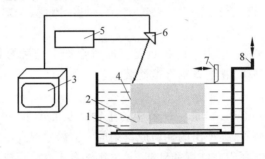

1—加工平台；2—支撑；3—PC 机；4—成形零件；5—激光器；6—振镜；7—刮板；8—升降台。

图 5-10　SLA 工艺原理

　　光敏树脂的主要成分是能发生聚合反应的小分子树脂(单体、预聚体),其中会添加光引发剂(或称光敏剂)、阻聚剂、流平剂等助剂,能够在特定的光照(一般为紫外光)下发生聚合反应实现固化。因具有良好的液体流动性和瞬间光固化特性,3D 打印的光敏树脂零件具有表面光洁度高、细节处理好等特点,目前已成为 3D 打印耗材用于高精度制品打印的首选材料。常见的光敏树脂有以下两种。

　　1) 环氧树脂

　　环氧树脂是 3D 打印中最常见的一种黏结剂,也是最常见的光敏树脂。分子结构中含有环氧基团的高分子化合物统称为环氧树脂。固化后的环氧树脂具有良好的物理、化学性能,对金属和非金属材料的表面具有优异的黏结强度。

　　环氧树脂因其良好的黏结性、耐热性、耐化学性和电绝缘性,在 3D 打印中应用广泛,常用于金属和非金属材料黏结、电气机械浇注绝缘、电子器具黏合密封和层压成型复合材料、土木及金属表面涂料等。

　　2) 丙烯酸酯

　　丙烯酸酯色浅、水白透明、涂膜性能优异,耐光、耐候性佳,耐热、耐过度烘烤、耐化学品性及耐腐蚀性能都很好。在 3D 打印中,将陶瓷粉与丙烯酸酯以 1∶1 混合后,树脂可起到黏结剂的作用。加入陶瓷粉的树脂能在一定程度上实现固化,其硬度正好能保持实物的形状。

　　SLA 工艺成形的零件尺寸精度较高,能达到 0.1mm,表面质量好；能制造形状特别复杂、特别精细(如首饰、工艺品等)的零件,特别适合壳体零件的制造。但是,SLA 也有自身的局限性,例如悬空的结构需要支撑；光敏树脂固化伴随一定的收缩,导致零件精度下降,甚至导致零件变形；光敏树脂固化后较脆，易断裂，可加工性不好，抗腐蚀能力不强；光敏树脂具有一定的毒性。操作者需要采取一定的劳动保护措施；激光器有损耗，光敏树脂价格昂贵，维护和日常使用费用较高。

5.3.3　激光选区烧结工艺

激光选区烧结(SLS)工艺由美国学者 Carl Deckard 于 1989 年发明，它利用激光束扫描粉末状材料，使其烧结成形(熔化后再固化)。Deckard 于 1992 年成立了 DTM 公司，推出了SLS 工艺的商业化设备 SinterStation。

SLS 工艺与 SLA 工艺生产过程相似，主要区别在于使用的原材料由液态光敏树脂变成了粉末烧结材料，激光光源由紫外波段变成了红外波段。其工艺过程如图 5-11 所示，先将粉末烧结材料预热至恰好低于烧结点的温度，再由计算机控制激光束，根据零件的截面形状扫描平台上的粉末烧结材料，使其受热熔化烧结，继而平台下降一个厚层，用滚子将粉末烧结材料均匀地送至烧结层，再用激光烧结。如此反复进行，逐层烧结成形。

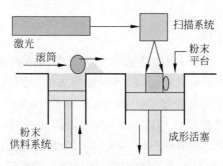

图 5-11　选择性激光烧结法工艺过程

SLS 工艺常用的材料有塑料粉、尼龙粉、金属或陶瓷与黏合剂的混合粉等。聚酰胺(polyamide，PA)，俗称尼龙是一种白色的粉末，具有更好的黏结性，且容易预制成颗粒均匀的球形微细粉体，可以作为 SLS 工艺中金属和陶瓷粉末的黏结剂，也可以直接用于该技术打印。PA 的粉末粒径小，制作模型精度高，具有质量轻、耐热、摩擦系数低、耐磨损等优点；其不足是在强酸和强碱的条件下不稳定、吸湿性强。尼龙与普通塑料相比，其拉伸强度、弯曲强度有所增强，热变形温度及材料的模量有所提高，材料的收缩率减小，但表面粗糙，冲击强度降低。尼龙材料制成的 3D 打印产品机械强度良好，且具有较好的弹性和韧性，甚至可以用于打印衣物。烧结制件不需要特殊的后处理，即可具有较高的抗拉伸强度。尼龙在颜色方面的选择不像 PLA 和 ABS 这么广，但可以通过喷漆、浸染等方式进行色彩的选择和上色。主要应用于汽车、家电、电子消费品、艺术设计及工业产品等领域。

由于 SLS 技术并不是完全熔化粉末，而仅是将其烧结，因此成形效率高。未烧结的材料可重复使用，材料利用率高。由于未烧结的粉末可以对模型的空腔和悬臂部分起支撑作用，不必像 FDM 和 SLA 工艺那样另外设计支撑结构，可以直接生产形状复杂的原型及部件。但是，SLS 模型是一种烧结工艺产品，烧结过程中单位面积的吸收功率要非常准确，控制有一定的难度。此外模型表面相对粗糙，要进行适当的焙烧固化并经打磨处理，通常 SLS成形后的模样尺寸精度约为 0.1mm。

选择性激光熔化 SLM 是特别针对金属粉末的,通过高功率的激光束直接把几十微米级的不锈钢、铝合金或钛合金的粉末逐层熔化、凝固,从而制作出高强度的功能零件。由于激光使粉体完全熔化,不需要黏结剂,成形的精度(可达 0.05mm)和力学性能都比 SLS 好。SLM 成形的金属零件致密度高,可达 90% 以上;抗拉强度等机械性能指标优于铸件,甚至可达到锻件水平;显微维氏硬度高于锻件。但是 SLM 也有一些局限,例如工艺复杂,悬空部分需要加支撑结构,同时需考虑散热;成形速度较低,为了提高加工精度,需用更薄的加工层厚;激光光斑外的热影响区会造成未熔化的粉末黏连,表面粗糙度有待提高;金属瞬间熔化与凝固(冷却速率约 10000K/s)温度梯度很大,会产生极大的残余应力,可能造成零件翘曲变形甚至开裂,需要做去应力退火等热处理。

5.3.4　其他工艺

FDM、SLA、SLS 是最早研制成功,也是最成熟、应用最广的三种增材制造工艺。近些年随着相关技术的进步,一些新的增材制造技术也相继推出并实现商业化,在打印速度、零件表面质量、色彩、强度等方面都有了很大程度的提升。

1. 数字光处理工艺

数字光处理 DLP 是建立在 SLA 工艺基础上并升级改进而成的新型 3D 打印技术。普通的 SLA 3D 打印机采用的是由点到面,再到三维物体的成形方式。而 DLP 3D 打印机采用的是由面直接到三维物体的成形方式,因此 DLP 比 SLA 成形速度快。DLP 打印机的光源可由数千个微米级发光二极管(LED)组成,将半导体光开关(DMD)作为关键的处理元件,实现 LED 光源投射效果。DMD 组件具有很高的分辨率,切片图形的每个像素都由一个微小的镜片控制显示,镜片具备开、关两种模式,通过镜片的翻转表示亮暗的绝对值。

DLP 工艺不但成形精度高,而且打印速度很快,已经在珠宝制造、牙科医疗、工业设计等领域有了很多应用。其具体优点如下。

(1) 精度高。投影像素块尺寸能够达到 50μm 左右,能够打印细节精度要求更高的产品,从而确保其加工尺寸精度达到 20～30μm。

(2) 速度快。面曝光比其他点曝光形式的效率高很多,进一步提高了打印速度。

(3) 经济性。传统的 SLA 技术将固体激光器作为光源,成本高,而 DLP 3D 打印机将 LED 作为光源,大大降低了设备成本。

(4) 方便性。DLP 打印机的体积小巧,易于摆放。

2. 材料喷射工艺

光敏树脂打印的另一种新方式是材料喷射。类似传统的喷墨打印,光敏树脂通过紧密排列的喷头阵列选择性地喷出微小的液滴,沉积到打印平台上,形成模型的一层切片图形,通过紫外线照射发生聚合反应固化,之后平台下降一层高度,重复上面的流程,层层叠加创建精确、细腻的三维物体。

材料喷射的工艺流程允许同时打印多种材料、颜色和纹理,制作接近真实产品的原型。代表性的有 Stratasys 公司的 PolyJet 技术和 3D Systems 公司的 MJP 技术。例如 PolyJet 技术能够实现微米级的精度,使打印出的模型具有高度细节和真实感。通过使用不同的光敏树脂材料,可以打印出具有不同特性的物体,如柔软、弹性、透明和多彩的模型,这为设计师和制造商提供了更多的选择，能够创造出更复杂和功能性更强的产品。目前在产品设计、医学模型制作和艺术创作等领域得到了广泛应用。

3. 黏合剂喷射工艺

黏合剂喷射技术使用液体黏合剂选择性地黏合粉末层中的区域以建造物体。适用于该技术的粉末材料类型有石膏、塑料、陶瓷、金属、砂子等。具体工艺流程如下：涂层刮刀或滚筒在构建平台上铺一层薄薄的粉末，然后带有喷墨喷嘴的打印头在平台上移动，选择性地沉积黏合剂液滴，使粉末颗粒黏合在一起。当一层完成后，构建平台向下移动，刀片或滚筒重新涂覆表面。重复此过程，直到整个部件完成。部件需要从被封装在粉末材料的床中挖出，多余的粉末被收集起来，可以重复使用。

根据材料类型的不同，后处理工艺也有所区别。砂子打印的模型可以直接从打印机中取出，用作铸造的模具或型芯，无须进行后处理。当粉末是金属或陶瓷时，刚打印完的生坯通常很脆弱，不能直接使用，需要进行烧结以去除黏合剂，只保留金属或陶瓷。塑料部件的后处理主要是固化，同时可以进行抛光、打磨和涂漆等工序以改善表面光洁度。

最早的黏合剂喷射技术是三维印刷工艺 3DP，由美国麻省理工学院教授 Emanual Saches 于 1993 年发明，使用的材料是石膏粉末。通过在黏合剂中添加颜料，即可制作出彩色的原型。但是由于石膏的强度较低，只能作为概念模型展示，不能作为功能件直接使用。

惠普公司 2014 年进入 3D 打印领域，推出了多射流熔融（MJF）技术，主要材料是尼龙粉末。其核心技术是位于工作台上的"热喷头模块"，中间的喷头阵列可以喷射"助熔剂"和"精细剂"两种试剂，两边是为粉末加热提供能量的灯。"助熔剂"会喷射到打印对象的横截面，使粉末材料充分融化；"精细剂"则喷射到打印区外边缘，起隔热作用。然后构建区域被灯加热，使零件截面部分固化，而其他区域保持粉末形态。MJF 的速度比 SLS 快，因为热源一次扫描整个层面，而不是通过单点追踪区域。这个过程会逐层重复，直到打印完成。MJF 以近 10 倍于当前普通点式打印技术的生成速度，提供高品质的功能部件。例如用 30min 打印的尼龙挂环，重约 113g，却可吊起 5t 重的汽车。此外，打印机喷头精度可以达到 1200dpi，考虑到粉末的扩散，在 X、Y 方向的精度可以达到 40μm。通过利用不同的转化剂控制每个体素的性能，MJF 能够使单个部件拥有不同的材质，例如色彩、表面纹理、摩擦力、透明度、强度、刚度、导电率等。

5.4　智能化增材制造单元

随着增材制造技术应用从样件制造迈入量产制造阶段，质量一致性与效率提升成为关注的焦点。以选择性激光熔融 SLM 工艺为例，影响产品质量和效率的因素很多，例如与设备相关的（激光功率、成型尺寸、铺粉/送粉质量、氧含量控制、除尘过滤）、与材料相关的（粒径分布、球形度、氧含量、化学成分）、与制造过程相关的（产品设计/工艺设计、后处理过程标准化）。增材制造从工艺设计开始，其制造和后处理工作大量依赖人的经验，这种依赖导致成品质量的不确定性和低效率。增材制造的复杂流程制约了其效率的进一步提升，需要在每个环节控制质量，并简化流程间转换的过程。

增材制造的智能化是指通过集成先进的人工智能技术，模拟、延伸和扩展人的智能，从而显著提升设计、生产、监控和维护等各环节的效率和质量。人工智能在增材制造领域的应用日益广泛,主要体现在以下方面。

(1) 产品设计:通过算法分析和模拟优化零件的设计,减少材料使用,同时保持或增强零件的结构强度和功能性能。

(2) 打印工艺设计:通过分析先前打印的数据,优化打印参数,如温度、速度和层厚等,从而提高产品的打印质量,减少因打印失败而浪费的时间和材料。

(3) 制造质量控制:通过图像识别和数据分析技术对打印过程中的零件进行实时监控,及时发现并纠正缺陷。通过收集和分析生产数据,预测并防止潜在的质量问题,提高产品的一致性和可靠性。

(4) 设备调度:根据生产需求、设备状态和材料供应情况,智能安排生产计划,提高生产效率。通过预测分析设备故障和维护需求缩短停机时间,确保生产的连续性。

通过上述智能化技术的集成和应用,增材制造行业正在逐步实现生产过程的自动化、智能化和高效化,推动制造业的现代化和创新。

5.4.1　智能化产品设计

在增材制造领域,智能化产品设计可利用人工智能技术优化和创新产品设计,以实现更优的功能、性能和可持续性。以下是一些具体的应用。

(1) 参数化设计。参数化设计是一种基于参数的设计方法,它可以通过参数调整快速生成不同的物体形状。在增材制造中,参数化设计可用于设计个性化定制的产品,例如适合特定人体测量的护具或肢端假体。AI可以通过机器学习算法学习用户的偏好和需求,并根据用户的反馈进行实时参数调整。

(2) 智能材料开发。相对于3D打印而言,4D打印的附加维度主要是时间维度。打印品在受到外界环境(如温度、湿度、电流、磁场等)刺激时,会发生形状或其他形态的变化。目前对4D打印技术的研究主要集中在变形能力方面。传统的打印元件响应外界激励的方法通常需要三部分:传感器、处理器和执行器。4D打印部件本身无须伺服驱动设备即可实现对外界刺激的响应,降低结构复杂性和重量。4D打印可以通过使用不同特性的形状记忆材料,实现元件对外部环境变化的响应,这种反应是外部刺激对材料的"驱动"效应。4D打印中应用较广泛的材料有形状记忆聚合物、天然纤维、形状记忆合金。根据打印部件对外界刺激的响应程度不同,可将4D打印分为水、热、磁、电、光等多种驱动方式。目前,4D打印技术已在软机器人、航空航天、生物医学、食品开发等领域展示出巨大的应用潜力,随着科学技术的进步和研究的深入,4D打印技术将在上述领域得到更广泛的应用。

(3) 衍生式设计。衍生式设计,又称"生成式设计",是一种基于人工智能算法的设计方法,它可以智能化寻找最佳材料路径,最大化利用材料并自动生成满足特定要求的物体形状。传统的3D设计软件主要依靠参数驱动、约束完成模型设计。然而衍生式设计采用完全不同的思路,用户输入的参数并非具体的尺寸,而是目标产品的性能、空间要求、材料、重量、制造方法和成本等参数,通过这些参数生成最终的3D模型。

此外,衍生式设计与拓扑优化有明显的区别,尽管它们很容易被混淆。拓扑优化的作用是在工程师完成某项设计之后,从原始解决方案中去除材料,进行优化改进。而衍生式设计不需要原始解决方案,而是根据要求给出全新的解决方案。

衍生式设计能够显著改善产品性能,提高工作效率并降低成本,可广泛应用于生产制造领域,如消费产品、汽车零件、航空航天、工业机械、建筑产品、医疗产品等。衍生式设计可用于设计复杂的组件,例如内部结构复杂的发动机部件或骨骼模拟器,利用增材制造对结构复杂性不敏感的特点,通过分层切片降维生产制造出来。

总之,智能化产品设计在增材制造领域中具有重要的应用价值,可以提高产品的性能和可持续性,同时降低成本、提高生产效率。未来随着 AI 技术的不断发展,智能化产品设计将会更加智能化、个性化和高效化。

5.4.2　智能化工艺设计

1. 支撑结构设计

在增材制造的工艺流程中,支撑结构是一个重要的组成部分,它是为了防止部件在打印过程中发生变形或塌陷而添加的附加物体。支撑结构有以下几方面作用。

(1) 防止变形。在打印过程中,金属材料会因为热作用而发生变形。支撑结构可以提供额外的固定和支持,防止部件在打印过程中发生变形。

(2) 防止塌陷。在打印过程中,部件的某些区域可能因为缺乏支持而发生塌陷。支撑结构可以提供额外的支持,防止部件在打印过程中发生塌陷。

(3) 提高打印精度。支撑结构可以帮助提高打印精度,因为它可以减少部件在打印过程中的运动和振动,这对于需要高精度的部件尤为重要。

(4) 方便后期处理。支撑结构可以方便后期处理,例如切割、磨光和表面处理。支撑结构可以帮助固定部件,以便更容易地进行后期处理。

需要注意的是,支撑结构的添加也会带来一些问题,例如增加打印时间和材料消耗,支撑结构的去除可能导致部件表面损伤。因此,在设计和添加支撑结构时需要权衡利弊,并结合实际情况进行优化和调整。

常见的添加支撑方法有以下几种。

(1) 切片软件自动生成支撑。大多数增材制造切片软件都具有自动生成支撑的功能。用户可以根据部件的几何结构和打印参数设置支撑的类型、密度和位置,之后软件会自动生成支撑结构。这种方法简单易用,但是支撑结构的质量取决于软件的算法和参数设置。

(2) 基于机器学习的支撑生成。这种方法利用机器学习算法预测部件打印过程中的变形和应力,然后自动生成最优支撑结构。这种方法可以提高支撑结构的质量和可靠性,但是需要大量的训练数据和计算资源。

(3) 基于物理模拟的支撑生成。这种方法利用物理模拟软件模拟部件打印过程中的变形和应力,然后自动生成最优支撑结构。这种方法可以更准确地预测部件的变形和应力,但是需要更多的计算资源和专业知识。

(4) 混合支撑生成方法。这种方法结合了上述方法的优点,通常先使用切片软件生成初步的支撑结构,然后使用机器学习或物理模拟算法进行优化和调整。这种方法可以提高支撑结构的质量和效率,同时减少人工干预的需要。

无论使用哪种方法,添加支撑都需要考虑部件的几何结构、打印参数和材料特性等因素。在实际应用中,还要结合实际情况进行调整和优化,以实现最佳打印效果。

2. 制造过程仿真

增材制造过程的仿真是指使用计算机模拟增材制造过程中的物理和化学过程,以预测部件的性能和质量。以金属增材制造为例,金属在电子束/激光辐照下历经一系列复杂的物理过程,包括能量吸收、传热/传质、熔化/凝固等。除材料本身特性和成形工艺特点外,掌握和调控增材制造过程中的底层物理机制,可实现对增材制造构件结构、组织和性能的调控和优化,同时可实现对裂纹、孔隙和球化等缺陷的优化和消除。数值模拟是理解金属增材制造过程中发生的复杂物理过程,并为工艺条件优化提供指导的有力工具。数值模拟分析可以针对实验技术存在的稳定性不足、可重复性差、分辨率受限、可观测区域限制及设备成本昂贵等问题,帮助理解和分析增材制造过程中物理状态的变化,指导优化工艺过程。此外,非接触式空气耦合的超声无损检测技术、电荷耦合器件(CCD)高速相机技术和高速高能 X 射线原位成像技术的发展,为认识和理解增材制造过程中复杂的物理过程提供了技术支撑,保障了增材制造构件的成形精度和质量。

增材制造过程的仿真的尺度从大到小可分为宏观、介观、微观,以及融合的多尺度仿真。

(1) 宏观尺度。宏观尺度主要针对构件尺寸级别,该尺度模拟有助于理解和优化增材制造中的温度场和残余应力,扮演着举足轻重的角色。宏观尺度中采用的数值模拟方法主要为有限元法。在涉及多种物理过程的增材制造过程中,有限元法能避免进行大量物理实验,成为预测增材制造工艺产生的残余应力和变形的最常用方法。但是其不足之处是无法满足复杂的边界条件,这是制约其发展的重要因素。

温度及温度梯度是金属增材制造过程中重要的物理量,与材料密度、表面张力、热导率、热容量或热扩散率等密切相关,可产生不同的热力学、动力学及机械效应,从而决定构件的最终质量。因为热源峰值温度非常高(高达金属沸点),温度梯度和加热/冷却速率极大(分别为 $10^6\,\mathrm{K/m}$ 和 $10^6\,\mathrm{K/s}$),所以实验中温度场的精确测量比较困难,通常采用数值模拟方法分析增材制造过程中的温度场。

残余应力是指材料与周围环境达到平衡时留在材料内部的应力。工艺引起的残余应力所导致的零件变形和分层等缺陷仍然是阻碍增材制造发展的重要因素之一。目前,主要通过改变工艺参数、调控热输入分布来降低残余应力。影响残余应力的因素有扫描矢量的长度、扫描策略、扫描速度及粉末床的预热温度。

(2) 介观尺度。对于粉末颗粒,宏观尺度的数值模拟无法满足对熔池特征及熔池动力学的研究,介观尺度的模拟可以有效解决这个问题。在考虑熔池流体动力学的情况下,使用的数值方法包括格子玻尔兹曼方法(lattice Boltzmann method,LBM)和有限体积法(finite volume method,FVM)。铺粉过程中粉末有复杂的集合边界,可以采用格子玻尔兹曼法。在增材制造加工过程中,粉末颗粒吸收激光束或电子束的能量,熔化即可形成熔池。熔池中的对流依赖于黏度,并由不同的外力(如重力、浮力、表面张力、毛细作用、Marangoni 效应或蒸发压力)驱动。研究熔池动力学可以选用有限体积法。

(3) 微观尺度。与铸造相比,增材制造通过在更小的区域内控制工艺参数,为提升冷却条件的可控性提供更多的可能。模拟仿真在小区域微观模拟仿真方面的重要性越来越明显,有助于实现对增材制造加工组织进行定量控制的目标。目前在增材制造凝固组织模拟方法中,使用最多的是元胞自动机法(cellular automata,CA)。此外,相场法(phase field method)在物理模型表示方面具有较高的精度和分辨率,可以捕获凝固组织中的亚晶粒特征,但相场模型通常需要较高的计算成本。蒙特卡罗法(Monte Carlo method,MC)在模拟晶粒生长行为特别是再结晶行为方面简单高效,但只能提供大量"试错"后的结果。

(4) 多尺度。由于材料在不同尺度上存在结构差异,如传热/传质、应力应变、微观结构和宏观结构,导致对应模拟方法和模型的差异。单个尺度的研究较为普遍并且取得了一定的进展,可用于预测大多数的实验现象。但在研究温度场、熔化/凝固等物理现象时,宏观尺度受微观尺度影响,单一尺度的模拟必然造成其他尺度信息的缺失,因此多尺度方法模拟可以实现精确、有效和真实描述之间的平衡。金属增材制造跨尺度数值模拟力求多角度、尽可能全面地对增材制造过程进行研究,宏观尺度可模拟温度和应力,介观尺度可揭示粉末床上发生的热演变过程,微观尺度可观察机理。

总之,增材制造过程的仿真可以帮助提高打印质量和效率,优化打印参数和部件设计,预测和避免打印失败,进而降低生产成本和研发成本。随着计算机技术和模拟算法的不断发展,增材制造过程的仿真将会更准确、更高效。

5.4.3　智能化质量监控

随着信息技术的发展,智能学习使计算机从经验中获取知识,并根据相应体系划分实现人工智能,因此,以计算机为平台的 3D 打印控制系统同样具备实现人工智能的可能性。在人工智能技术应用中,在恰当的工具辅助下,对同构、异构的数据源进行抽取和集成,将结果按照一定的规范统一存储,应用相应的技术对存储的数据进行分析、处理,并将采集的大量数据分类处理为数据集,再对归类后数据集中的每个样本进一步规范处理,使其成为修正后的数据模型,最后将需要处理的数据和数据模型进行比对,实现智能处理。

以 3D 砂模打印机为例,可通过机器视觉技术,在零件堆积过程中读取每层图形的实际喷绘情况,将实际和理论的图形数据进行对比分析,再根据相邻层同一位置对应像素点的重合度和实际喷绘的砂模尺寸偏差,对运动控制系统和喷绘系统进行实时调整。如果相邻层喷绘的图形出现位置偏移或图形尺寸出现偏差,在喷绘下一层的过程中,运动控制系统和喷绘系统则在对应的喷绘位置做出精确调整,将出现的缺陷补充到其他层,从而避免堆叠错位产生层纹。通过一定层数的数据积累、对比和分析,对出现缺陷的打印数据进行相应的修正和补充,以有效消除 3D 成型砂模的表面粗糙问题。

同样地,3D 打印技术可以通过类似的智能学习,对设备出现的各种可能性不断分类处理,在智能学习技术的支持下,不断增强 3D 打印设备的容错能力,使 3D 打印技术的应用变得更稳定、成熟、高效,从而为 3D 打印技术的规模化、产业化应用打下坚实的技术基础。

在金属增材制造过程中,激光功率、扫描速度、风场结构、光束质量、铺粉质量、氧含量等参数都会影响最终打印件的质量。对这些关键参数进行记录和保存并不是最终目的,实时监控、实时反馈、实时调整才是最终目的。激光功率和熔池等监控软件方案因此应运而生,它主要具有以下功能。

(1) 铺粉质量监控。监控铺粉均匀性,在铺粉质量不佳的情况下,实现自动铺粉或自动停止加工。

(2) 氧含量监控。氧含量为金属增材过程中的一项重要监控指标。

(3) 激光功率监控。功率的稳定性直接决定成型零件宏微观组织的均匀性和一致性。

(4) 熔池监控。熔池监控模块测量熔化过程的热量排放,控制材料的扫描过程和熔化特性,识别缺陷类型。

基础结构数据能给出很多极限结构单元的成形能力信息,以指导设计。但这还远远不够,在实际应用环节,零件的复杂度、大截面应力的控制、设备的特性、工艺的变化都会对打印的成败产生影响。因此,具体成形案例的大量积累才是工艺人员进步提高的阶梯。软件的终极集成亦依赖案例积累由量变到质变的那一天。

5.4.4 智能设备调度

智能设备调度在增材制造领域的应用主要体现在通过智能化系统对生产流程进行优化,以提高生产效率、缩短停机时间,确保生产的连续性。具体来说,这种应用可以通过以下几方面实现。

(1) 生产计划安排。智能调度系统可以根据生产需求、设备状态和材料供应情况,智能地安排和调整生产计划。这涉及对增材制造设备(如 3D 打印机)的实时监控,以及对生产任务优先级的排序。

(2) 故障预测与维护。通过对设备运行数据进行分析,智能调度系统可以预测潜在的设备故障和维护需求,从而在问题发生之前进行维修或调整,减少意外停机时间。

(3) 资源优化。智能系统可以优化原材料和能源的使用,减少浪费,并确保材料供应与生产需求相匹配。

(4) 生产流程监控。实时监控生产流程,确保每一步骤都按照既定的计划执行,并及时调整偏差。例如金属增材制造加工过程包括从成形、清粉、热处理、线切割到机加工的多个步骤。"零点定位系统"能够确保基准位置的精度,减少人工定位的时间浪费和可能错误。利用设备间通信、AGV(automated guided vehicle)叉车和自动清粉站,实现多台设备间成型缸自动替换和粉末回收清理,降低人工劳动强度,提升设备利用效率。

5.5 智能增材制造教学实践

智能增材制造的教学实践可以从理论学习、软件培训、机器操作和创新设计等多环节开展。

(1) 理论教学。介绍增材制造的基本原理、发展历程、不同打印技术的特点和应用领域。

(2) 软件培训。教授学生如何使用 CAD 软件设计 3D 模型;如何使用专业的 3D 打印切片软件,将 3D 模型转换为打印机可识别的格式。

(3) 机器操作。进行 3D 打印机操作的安全教育,包括设备使用规范和紧急情况处理。教师演示 3D 打印机的装卸、调试和打印过程。在教师的指导下,学生亲自操作 3D 打印机,进行实际打印。

(4) 创新设计与实践。鼓励学生进行创新设计,通过 3D 打印技术实现设计理念。通过项目驱动的方式让学生解决实际问题,如设计定制化的零件或产品。

通过上述步骤,学生不仅能够获得增材制造的理论知识,还能通过实践深入理解该技术,培养创新设计和解决问题的能力。

本节将以两个典型的机械零件为例,介绍面向增材制造的镂空点阵结构设计和拓扑优化设计实践。

5.5.1　镂空点阵结构设计

本节以 Magics 软件 21 版本为例,详细介绍创建镂空点阵结构的步骤。

1. 定义外壳

在"定义外壳"窗口中,可以设定是否保留零件的外壳。"无外壳"表示零件将完全被晶格替换。系统默认为"有外壳",在此命令下,先要进行壳体相关参数(如厚度、方向等)定义,如图 5-12 所示。

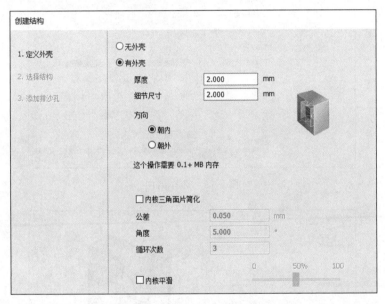

图 5-12　定义外壳

2. 选择结构

在"选择结构"窗口中,可选择软件晶格库中自带的类型,也可添加/删除外部自定义的结构;每个晶格类型还可进行"结构尺寸""同比例"等参数定义,如图 5-13 所示。Magics 22 版本中还增加了"蜂巢"结构,将实体零件内部转变为蜂巢结构,在减轻零件重量、减少材料损耗的同时保证零件的强度和功能。

3. 添加排沙孔

为了将壳体内部未成形的粉末或液体材料排放出来,还要进行排沙孔设置,如图 5-14 所示。

以机械产品中的典型连杆零件为例,进行镂空点阵的结构设计。晶格单元使用 diamond 20 percent relative,将连杆内部转化为镂空点阵结构,可以实现 37% 的减重比。具体模型晶格参数设置前后数据对比如表 5-1 所示。

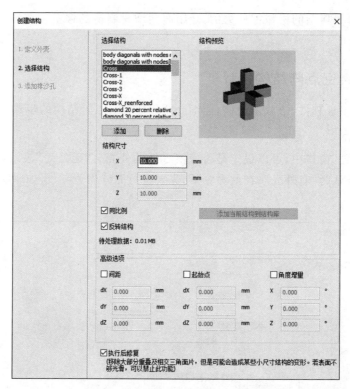

图 5-13　选择结构

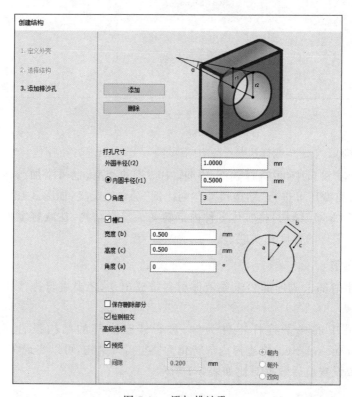

图 5-14　添加排沙孔

表 5-1　模型晶格参数设置前后数据对比

项　　目	原始模型	镂空晶格模型	变化(倍率)	
实心连杆				
STL 文件大小(KB)	382	80846	⬆	211
模型尺寸	345mm×125mm×40mm	345mm×125mm×40mm	▬	0
三角面片数	7808	1655718	⬆	211
点数	3902	810827	⬆	207
体积	843049	527213	⬇	−0.37
面积	127771	221045	⬇	0.73
镂空参数选择				
外壳	无			
晶格类型	diamond 20 percent relative			
晶格尺寸	10mm(各向同比例)			
执行后修复	是			

通过以上案例研究,Magics 软件在镂空点阵结构设计方面的最大优点是丰富的晶格单元库,提供 20 多种内置晶格单元,还支持导入外部自制晶格。可以设置有或没有外壳,晶格替换零件内部或零件减去晶格点阵结构,同时考虑到零件内部未成形材料的去除工艺。但是 Magics 软件的镂空结构功能比较基础,只能制作规则的矩形点阵,不能设计自由点阵,跟随零件外形的点阵,结合拓扑优化结果自动调整点阵密度。

5.5.2　结构的拓扑优化

本节使用 Inspire 软件,选择机械产品中常见的 Y 形支架进行拓扑优化设计,如图 5-15 所示。模型已经被分为 4 个部分。其中主体部分用于设计优化,其余 3 个小圆柱用于施加约束和载荷。尺寸为 120mm×80mm×20mm。

(1) 定义设计空间。将主体定义为设计空间,在给定的载荷条件下找到最优材料分布,如图 5-16 所示。

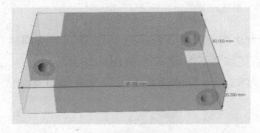

图 5-15　Y 形支架　　　　　　　图 5-16　定义设计空间

（2）材料设置。将模型材料设置为 304 不锈钢，设置后模型总质量为 1.1919kg，如图 5-17 所示。

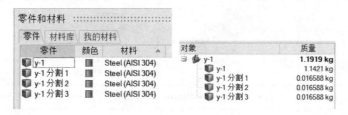

图 5-17　材料设置

（3）定义约束与载荷。在圆孔 2 和圆孔 3 处施加固定约束；在圆孔 1 处，沿 Y 轴施加 500N 的力，如图 5-18 所示。

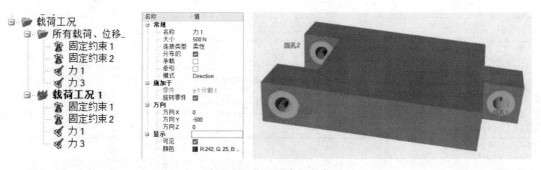

图 5-18　定义约束与载荷

在形状控制中，使用单向拔模方式，在设计空间上采用对称形式进行优化。如图 5-19 所示。

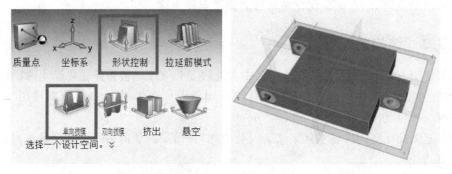

图 5-19　形状控制

（4）设置优化参数。优化目标选择"最大化刚度"，质量目标为"30％的设计空间体积"，最小厚度为 5mm，无频率约束，并考虑"滑动接触"，不考虑重力，如图 5-20 所示。

（5）优化结果。执行优化的计算时间为 12min，模型优化前后各项参数对比如表 5-2 所示。

图 5-20 设置优化参数

表 5-2 模型优化前后各项参数对比

原始模型	优化后模型
原始文件大小(STL)	原始模型重量
34KB	1.2416kg
优化后文件大小(STL)	优化完成后模型重量
7311KB	0.41061kg
文件大小:增大 215 倍	优化后模型减重 0.83099kg,减重率约为 67%

(6) 后续工作。优化后的模型还需要进行力学仿真分析,例如位移、应力、安全系数等,确保零件能够满足工况要求。如图 5-21 所示。

Inspire 软件是专业的仿真设计软件,提供了丰富的制造和形状控制约束(拔模、对称、周期循环、周期循环对称)功能。同时算法更具有优势,提供了多种优化参数。Inspire 后处理的一大特点是提供了灵活的模型手动调整功能,并且优化后的模型可快速调整减重比例。表面光顺功能可为用户提供灵活操作的空间,缺点是自动化程度不够,对于新用户来说,手动操作存在一定难度和不便。

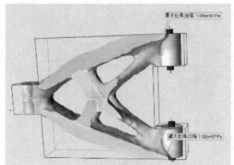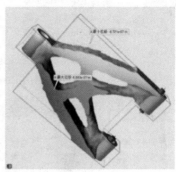

图 5-21　力学仿真分析

第6章

减速器智能制造生产线

智能制造是传统制造业数字化、网络化、智能化升级转型的结果。尤其是在大规模机械产品制造中,智能制造技术赋能传统生产,实现柔性制造和高质量制造等新型工业化特征,并且使制造成本更低、制造速度更快,进而使制造企业的产品价格更具竞争力[1]。

减速器是一种机械传动装置,主要功能是与电机连接,通过减速器内部的齿轮组将电机输入的高速旋转减速为该装置输出的低速旋转。减速器利用的物理原理是力矩原理,即在一个封闭系统中,力和力矩总是相互平衡的。减速器利用这个原理,通过增大输出轴的力矩来减小其转速。这是通过改变齿轮的大小和形状实现的,较大的齿轮驱动较小的齿轮,可以在保持力矩不变的情况下减小转速。

减速器应用于多种机械设备和自动化设备中,例如工业机器人、自动化生产线、电梯、风力发电设备等,起着关键的传动和调速作用。根据不同的工作原理和结构特点,减速器有多种类型,比如通用减速器、专用减速器和精密减速器等。精密减速器包括谐波减速器和 RV (rotary vector)减速器。工业机器人特别是重载的机器人,采用 RV 减速器在工业机器人的第一轴、第二轴、第三轴(腰部、腿部、肘部)完成精度较高和力量较大的传动工作,第四轴、第五轴、第六轴采用谐波减速器。值得一提的是,伺服电机是一种精密的电机设备,虽然可以提供高精度的速度控制和位置控制,但在某些实际应用中,例如扭矩大、速度减速比高、耐用可靠性较高和成本较低的场景中,直接使用伺服电机调速和减速可能并不理想,所以需要伺服电机与减速器配合工作。

在利用工业生产线大量生产减速器的过程中,需要对减速器的机械制造精度和检测精度提出较高的要求,通过设计具备智能制造功能的工业生产线保证大规模产品的耐用性和可靠性。

6.1 减速器机械结构介绍

减速器是一种用于降低转速、增加扭矩的传动装置,其基本结构包括输入轴、输出轴、齿轮箱和支撑结构等部分。

输入轴:减速器的输入轴与外部动力源相连,如电机或其他动力设备。输入轴通过连接装置(如连接板或连接法兰)与减速器连接,将动力传递到减速器的内部。

输出轴:减速器的输出轴与需要减速的机械设备相连,将减速后的动力输出到机械设备。输出轴上装有输出齿轮,与输入轴上的齿轮啮合,实现减速作用。

齿轮箱:齿轮箱是减速器的核心部件,由多个齿轮组成。齿轮箱中的齿轮按照一定的传动比排列,通过齿轮之间的啮合将输入轴上的高速旋转运动传递到输出轴,并降低转速、增加扭矩。

支撑结构:支撑结构主要用于支撑减速器本身及外部设备。它通常由底座、支架等部件组成,确保减速器的稳定性和可靠性。

减速器种类繁多,本章以 RV063 减速器为例进行介绍。RV063 减速器是 RV 系列蜗轮蜗杆减速机中的一种,具有机械结构紧凑、体积小、热交换性能好、散热快、传动比大、扭矩大、承载力高、运行平稳等特点,是常用减速机之一。

1. RV063 减速器结构

RV063 减速器结构如图 6-1 所示。

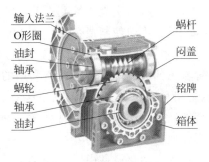

图 6-1 RV063 减速器结构

2. RV063 减速器爆炸图

RV063 减速器爆炸图如图 6-2 所示。

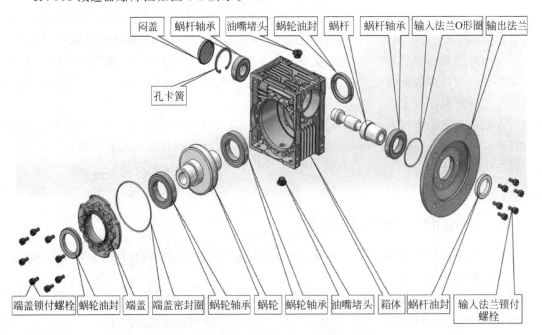

图 6-2 RV063 减速器爆炸图

6.2　减速器智能制造生产线介绍

自动化生产系统通常是由加工、检测、物流和装配线等多个单元加上计算机控制系统单元构成的。在中大型自动化生产系统中，计算机控制系统单元通常包括两个重要的子系统：分布控制系统（distributed control system，DCS）和数据采集与监控系统（supervisory control and data acquisition，SCADA），以管理和监控生产线。在加工单元中，有机床和相应的自动化控制系统，比如分布式数控（distributed numerical control，DNC）系统；检测单元负责检测产品的生产质量，包括硬件部分（如工业机器人）和软件部分（如统计分析软件）；物流单元有立体库及相应的软件系统，例如库房管理系统（warehouse management system，WMS）、自动导引车（automated guided vehicle，AGV）；装配单元则由上料模块、自动化装配模块与输出模块构成。为了更好地实现自动化和持久的规模经济效应，系统中的某些单元还包括工业机器人、人机协作环节等。

图 6-3 是一个典型的离散自动化生产系统的空间示意图。该产线用于生产汽车 RV 系列蜗轮蜗杆减速器产品的装配，可以根据订单需要生产不同类型的 RV 系列减速器产品。整个产线工序为先在机加工区的加工单元进行零件加工，再进入检验区的检测单元进行质量检测，接着把检测合格的产品部件放入立体仓库存储，并取出需要装配的多个部件送入自动装配线，得到最后的产品——RV 系列减速器。

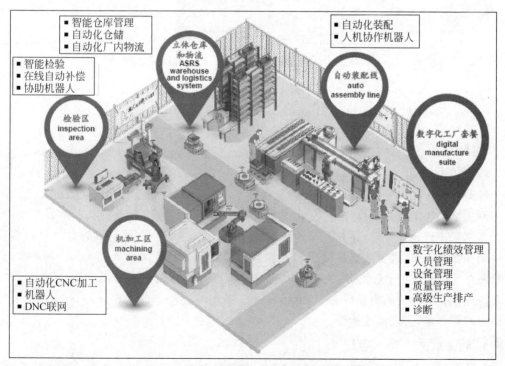

图 6-3　离散自动化生产系统的空间示意图

图 6-3 中，物流单元不仅包括立体仓库，还包括每个单元对产品和物料进行运输搬运的 AGV 小车。自动化生产系统的计算机控制系统未在空间图中标出，是因为计算机系统可

作为云端服务器放在生产车间外,或者作为多台计算机分布在车间的各个单元。

1. 机加工区

机加工区包含多台计算机数控(CNC)机床,负责自动化加工,工业机器人负责在多台数控机床之间搬运物料,后台有分布式数控(DNC)系统监控机床的生产和运营。加工单元通过机床、工业机器人、网络控制系统实现自动化加工过程。值得一提的是,该加工单元具备柔性制造功能,可以根据需求在不同的零部件之间进行加工工具的变换和生产。图 6-4 给出了机加工区域的具体空间图,整个柔性制造的过程是,从右往左看,首先从毛坯料架中取料送入料库,机器人从料库中将物料送到卧式车床,进行第一道加工工序,其次从卧式机床中将物料送到立式车床,最后再将成品送回成品料架。

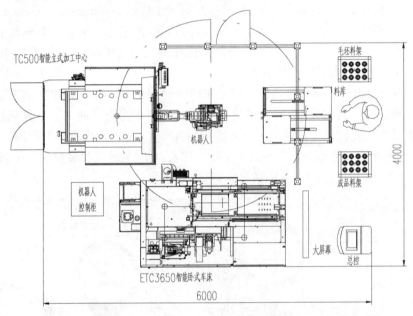

图 6-4   机加工区域的具体空间图

2. 检测区

检测区的智能检验设备负责对比测量机加工的产品是否符合图纸设计的标称值(并且根据测量结果决定下一步操作);如果是零部件的三维高精度测量,智能检验的设备还需要对测量结果进行误差补偿,还原测量的准确值,借助后台系统的在线自助补偿就可以实现;在自动测量过程中,需要人机协助机器人抓取测量元件并完成次品处理工作。图 6-5 给出了检测单元的组成:比对仪、线边库和人机协作机器人等组成在线检测单元。因为后台系统可以连接其他地方的测量设备,如坐标测量机(coordinate measuring machine,CMM),进行综合智能判定,实现离线检测。

3. 物流单元

物流单元包含 AGV 和立体库房。AGV 通常利用激光雷达和声呐红外传感器等技术实现自动行驶,通过无线网络获取计算机控制系统的指令执行物料的分拣和搬运。AGV 完成了系统中加工单元、检测单元、物流单元和装配单元 4 个单元之间的物料分拣和搬运。

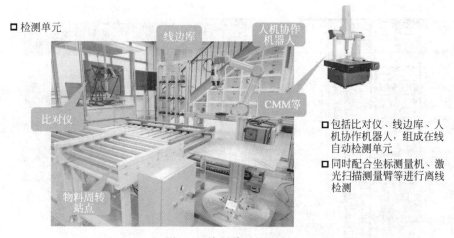

图 6-5　检测单元的组成

AGV 是智能制造中自动化生产系统不可缺少的部分。立体库房通过自动化仓储的软件系统实现智能仓储管理的功能,包含立体货架、输送线和可以移动的堆垛机。如图 6-6 所示,AGV 通过输送线把装有物料的盒子送至堆垛机的托盘,堆垛机再根据后台仓储系统将装有物料的盒子放至立体货架。

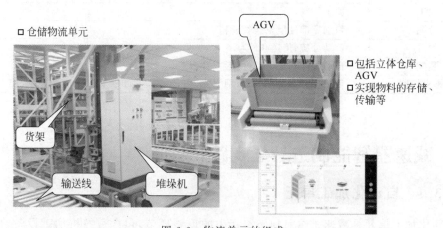

图 6-6　物流单元的组成

4. 自动化装配线单元

自动化装配线单元包括上料单元、工业机器人、压合单元、拧紧单元和人工装配单元。作为柔性生产线,该自动化装配线单元支持两种型号减速器产品的柔性生产:RV040 和 RV063。图 6-7 给出了自动化装配单元示意图。

综上所述,自动化生产系统的主要构成包括 5 个单元,相应的功能和传送的信息如表 6-1 所示。计算机控制系统单元中包含多台服务器,提供自动化生产的各种服务,例如信息采集和分析、网络通信和监视等重要功能。

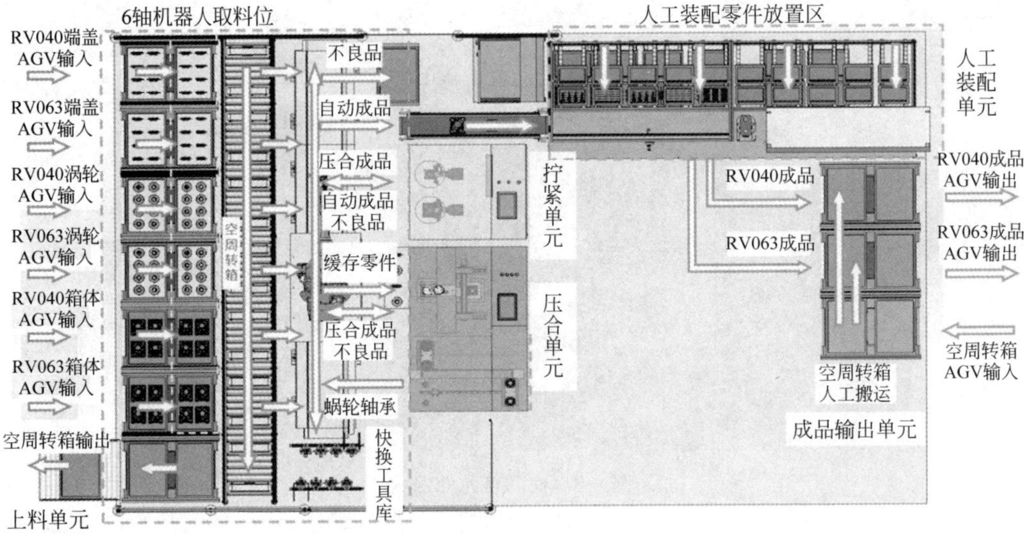

图 6-7　自动化装配单元示意图

表 6-1　自动化生产系统的主要构成

单元名称	功　　能
加工	加工物料,形成关键零部件
检测	判别零部件质量是否合格
物流	自动分拣,传送和储存
装配	自动装配相关零部件,形成合格产品
计算机控制	负责信息采集和分析,网络通信和监视,比如 SCADA;实时控制,如 DCS

6.3　减速器智能制造教学实践

6.3.1　自动化加工单元

自动化加工单元是减速机端盖加工流程中的重要环节,包含数控机加工设备,机械臂、自动料架、自动翻转机构和相关的安全装置,进行两种型号减速机端盖的自动加工、取送料、上下料、灵活换产、实时监控完整单元的实施。在展现自动化加工过程的同时,尽可能实现每个动作环节清晰明确,达到自动化加工过程本科实践教学的要求,实现灵活的教学互动方案。

以 RV063 减速机端盖为例,工件材质:铝 ZL101;工件图纸如图 6-8 所示。端盖加工主要保证的精度为尺寸精度-轴承孔孔径和位置精度-轴承孔同轴度、垂直度。因此,加工设备选择为轴承孔-数控车削、连接端面及窄槽-数控镗铣床、其他孔及倒角-数控镗铣床。

零件分为两道工序加工,0P10 为立加工序,工艺卡片如图 6-9 所示,0P20 为车工工序,拟定 0P10、0P20 各 1 台机床。整个自动线为 1vs2 形式,即 1 台 6 轴柔性机器人为 2 台数控机床提供上下料服务。工序规划如表 6-2 所示。

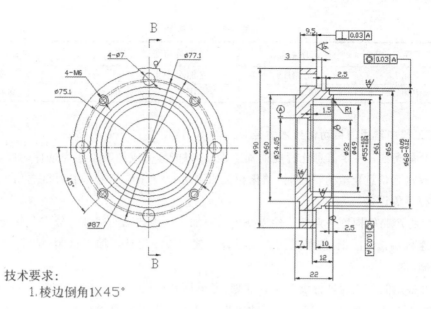

技术要求：

　1.棱边倒角1X45°

图 6-8　减速器端盖图纸

客户名称	清华大学	产能分析表		选择配置列表：		
机床型号		纯切削时间（S）	设备	年产量	1）	2）
工件名称	端盖	上下料时间（S）	班制	1班	使用率	3）	4）
工件图号		换刀时间（S）	单班工时	8小时	5）	6）
材　料	6061	辅助时间（S）	月工作日		7）	8）
工序号	0P10	工序总时间（S）	运转率		推荐可选配置：	
日　期	2019年3月12日	单台产量（件/班）			1）	2）

工序简图	装 夹 方 式	加 工 位 置 简 图
设　计		
符号说明		
定位夹紧		
定　位		
压　紧		
辅助支撑		
顶　尖		
附加说明		

加工节拍计算												1、本节拍计算不包括装夹时间（装夹时间存在个体差异），一次装夹一件，该时间为理论加工时间实际时间允许有15%的误差；				

ID	刀具编号	加工过程描述	刀具	加工直径 mm	有效齿数	线速度 m/min	主轴转速 r/min	每齿进给 mm/fz	进给速度 mm/min	空行程 mm	加工长度 mm	每件加工位数	每件切削时间 sec	一次装夹件数	总切削时间 sec	辅助时间 sec	换刀时间 sec	合计时间 sec
		加工小端盖（工位1）																
T01		铣4-φ7孔增面	立铣刀	6	2	60	3185	0.06	382	3	500	1	79.0	1	79.0	6	1.8	87
T02		铣φ34.05孔端面	立铣刀	14	2	70	1592	0.06	191	3	15	4	22.6	1	22.6	12	1.8	36
T03		钻4-M6底孔	钻头	5.1	1	70	4371	0.15	656	3	10	4	2.8	1	2.8	12	1.8	19
T04		M6孔口倒角	倒角刀	16	2	100	1990	0.1	398	3	3	4	3.6	1	3.6	12	1.8	17
T05		攻丝4-M6	丝锥	6	1	15	796	1	796	3	17	4	6.0	1	6.0	12	1.8	20

点击插入工步	**可以在以上行插入新内容**			
上下料方式	○ 人工上下料手动夹紧　○ 人工上下料自动夹紧　◉ 机械手自动上下料	上下料时间（s）	本序加工时间合计（s）	179

刀具清单——如无特殊说明，刀具均为SANDVIK产品

刀号	刀杆/接柄型号	刀片型号	刀号	刀杆/接柄型号
T1			T3	
T2			T4	
T5			T6	

选择配置说明	注：选择配置，指满足工件加工，除机床标准配置之外的附件。特殊配置所列物品明细仅供交流及报价参考，最终提供给客户的物品及数量以双方签订的正式文件为准。

图 6-9　0P10 序工艺卡片

表 6-2　工序规划

工序	工序名称	夹具与定位方式	设备名称
0P10	立加序	立加专用卡具	数控镗铣
0P20	车序	专用卡爪,端面定位	数控车

1. 工程中常用的自动化技术途径

(1) 集成具有一定信息化程度的加工设备,以能够完成加工工艺为选择标准,根据加工制造流程进行信息化改造,根据自动化相关原则进行设计与实施。本项目选用数控加工机床和机械手等设备。

(2) 将产品的构思→方案→建模→出图→加工→组装→调试进行数字化转化。本项目根据减速机端盖的图纸,按照工艺方案设计—数字模型设计—加工试制—产品组装调试等步骤实施。

(3) 根据制造流程进行设备位置规划,考虑原料运送—零件各部分加工—成品清理-测量(运输)等各工艺步骤,合理安排自动化步骤与人工步骤的规划和实施。本项目在端盖料库数量和位置设计、机械手位置设计、工件出入单元路径设计等基础上进行合理化设计和实施。

2. 该机加工单元的自动化实施方案

1) 柔性加工单元建设-场地需求

场地面积:长 5800mm,宽 4500mm;要求设备平面布置面积小于场地面积,留有每边 0.5～1m 的维护区域。

2) 柔性加工单元流程

零件分为 2 序加工,整个自动线为 1 对 2 形式,即 1 台 6 轴柔性机器人为 2 台机床提供上下料服务,具体如图 6-10 所示。

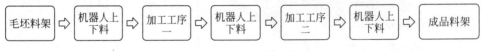

图 6-10　柔性加工单元流程

3) 自动线整体规划

由卧式车床 1 台、立式钻攻中心 1 台、自动上下料系统 1 套组成。当自动线停止运行时,可对机床及机器人进行手动操作。

4) 机器人选用

机器人选用 20kg、6 轴工业机器人,最大水平工作半径为 1722mm。该机型机身紧凑、设计优化,适合物料搬运及多种类型零件的自动上下料应用。

5) 零件料库

采用托盘式料库形式,托盘可整体自由更换。AGV 将托盘整体放到料库上,托盘与料库通过锥销定位。料库将托盘传送到位后检测开关发出信号,机械手才允许抓取零件。料库托盘上所有零件均加工完成后,料库将托盘传送到防护外,后续换料。此料库为双托盘,每托盘可放置零件12件,每种零件配有2个托盘,托盘上带有与零件类型对应的二维码。

6)翻面模块

零件为2序加工,在自动线的两序之间加一个翻转工位,与机械手配合实现对工件的180°翻转。此种翻面模块的适应能力强,翻转快速可靠。换面模块具有吹气机构,可对工件进行铁屑清除。

7)总控模块

(1)显示各机床当前运行状态。

(2)显示机器人当前工作状态。

(3)控制自动线的启动、停止。

(4)显示并记录零件加工数量。

(5)显示整条线当班信息。

(6)显示设备信息及存储日志信息。

(7)不同零件托盘带有不同二维码,利用扫码识别零件种类并取料。

8)安全防护

整套自动线配有安全防护模块,主体由透明防护围栏构成,高度约1.8m,配有防护门,自动线停止时用于人员进出。防护带有安全光幕装置,安装在带有防护门的一面,可在自动线运行时防止人员进入机器人工作区域,以免发生不必要的伤害。

整个加工实施方案的流程如图6-11所示。0P10机床换料动作为22s:包括翻转并进入主轴(3s)、下料(5s)、吹屑及翻转(6s)、上料(5s)、机器人退出机床(3s)。整个0P10的机床加工时间为200s,而0P20的加工时间为72s,如表6-3所示。

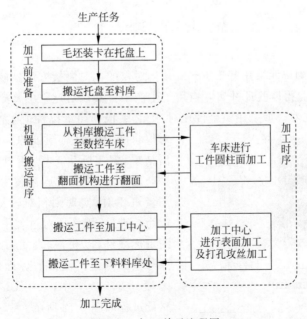

图6-11　加工单元流程图

表 6-3 机器人的节拍时间表

序号	动作过程	节拍/s	总节拍/s
1	从上料工位取料	5	
2	移动到 0P10 机床	3	
3	给 0P10 机床换料	22	
4	移动到 0P20 机床	3	78
5	给 0P20 机床换料	22	
6	移动到下料工位	3	
7	在下料工位放料	5	
8	移到上料工位	3	

机器人完成循环动作的完整节拍时间是 78s。总节拍时间需要考虑工件翻面等待时间 12s(在工序 3 和工序 4 之间,工件翻面并没有计入工序),所以最后的时间是 8 个工序之和的 66s 加上翻面等待时间 12s,也就是 78s。

6.3.2 智能检测单元

智能制造中,检测存在的意义已经由最初的判断是否合格逐步向确保产品质量、提高生产效率方向转变,检测手段也由传统的单一设备向质量控制闭环、质量大数据、全生命周期质量管理转变。本节以清华大学基础工训中心智能工厂中的检测单元实践为例进行阐述。

1. 被测工件

RV040 减速机端盖。

2. 被测特征

尺寸精度-轴承孔孔径、位置精度-轴承孔同轴度、垂直度。

3. 检测设备

智能工厂的检测单元采用基于 Equator 比对仪的比对测量方法。该检测技术在某些手机制造企业、3C 企业得以验证并实际应用于生产中。其比对过程主要分为黄金件比对和坐标测量机(CMM)比对。如采用黄金件比对,则必须根据图纸标称值生产标准(黄金)件,比对仪将测量结果与图纸的标称值进行比对后输出结果,但实际生产中,很难按照绘图标称尺寸生产出标准件,实现起来较为困难。而采用坐标测量机比对,实现则相对较易,任何工件都可指定为标准件,因为比对过程中会在坐标测量机上测量标准件,以获得"真实"尺寸,然后将生产工件与坐标测量机测得的标准件"真实"尺寸进行比对。实验教学中,采用 CMM 比对测量方式,测量过程如图 6-12 所示。

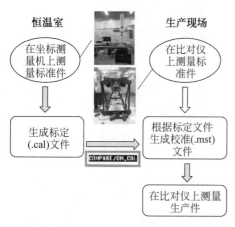

图 6-12 CMM 比对测量

4. 数字化软件

搭载 SMART Quality 软件平台实现数字化

检测。数字化检测能够快速、自动化地完成检测过程,减少人工操作和重复性工作,提高工作效率和生产力。同时,能够确保质量策划和具体质量方针得到严格执行,对检测过程进行引导和限制,进而保证质量检验数据的可靠性,为数据驱动的质量管理提供有力支持。有助于企业做出更准确、更科学的决策,提高产品质量和客户满意度。

5.　检测实践过程

1)创建检测任务

在 SQInspector 数字化检测系统中录入订单号、零件号、工序号、计划数、交检数等信息,创建订单,如图 6-13 所示。

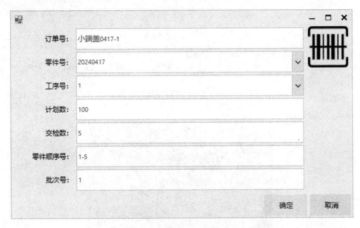

图 6-13　创建检测任务

2)执行检测任务

(1)在 SMART Quality InspectPlanner 平台执行管理窗口中勾选要执行的任务并单击执行,如图 6-14 所示。

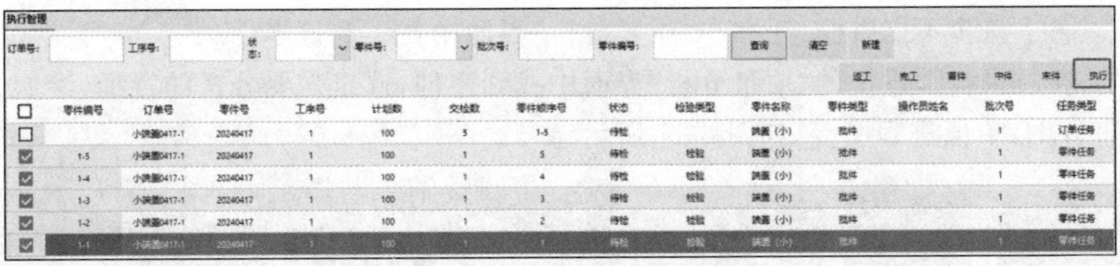

图 6-14　执行检测任务

(2)在任务执行分组设置窗口选中特征和检测软件并直接执行,如图 6-15 所示。

(3)检测单元执行检测任务,如图 6-16 所示:①从 MES 上获取订单,设备进入运行状态。②AGV 小车将装有端盖的物料箱运行至检测单元辊道前。③物料箱经辊道传输到待检区,传感器检测到物料箱后触发机器人运动。④机器人运动至待检区。⑤机器人从物料箱抓取工件,放至比对仪夹具上。⑥夹具被推至比对仪工作区域。⑦比对仪检测,出检测结果,合格/不合格。⑧机器人抓取工件,放至合格区/不合格区,同时将检测数据传输至SMART Quality InspectPlanner 平台测量数据采集窗口。⑨如有多个检测订单,则多次重复步骤④~步骤⑧,直至检测订单全部完成。

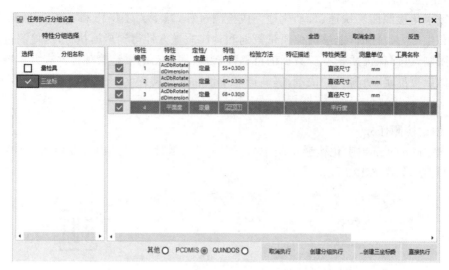

图 6-15　选取特征和检测软件

图 6-16　执行检测

3）数据分析

（1）在 SMART Quality Inspect Planner 平台上找到刚运行完的任务，单击保存，再单击完工。注：该步不能省略，否则在"质量分析"界面中找不到该零件。

（2）在质量教学系统的"质量分析"界面中找到零件，选出需要分析的特征，绘制数据图表，如直方图、单值进程图等，如图 6-17 所示。

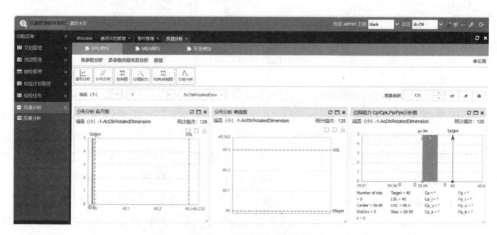

图 6-17　质量分析界面

（3）根据质量分析图表进行讨论，对端盖的加工和管理提出改进意见和建议。

6.3.3　自动化立体仓库

自动化立体仓库简称立库，其结构主要包括一条巷道、一台堆垛机、两排牛腿式货架，共 80 个货位，其重要功能是实现智能制造车间物料的自动存储、取出和周转功能，如图 6-18 所示。

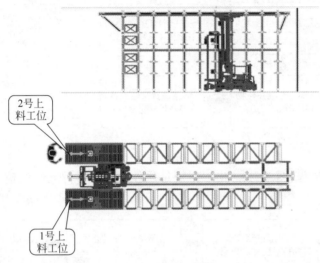

图 6-18　立体仓库

这里我们用 RFID 技术标识物料箱，使物料箱在流转过程中可以跟踪。RFID（radio frequency identification）技术即射频识别技术，是一种通过射频信号自动识别目标物体并获取相关数据的非接触自动识别技术。其原理为阅读器与标签之间进行非接触式数据通信，达到目标识别的目的。RFID 技术可以在各种恶劣的环境中工作，无须人为干预，且能同时识别高速运动物体和多个标签，操作方便快捷。在物流仓储中，RFID 技术能够实现自动化、信息化管理，提高货物的运转效率。同时，RFID 标签还可以帮助企业对仓储货物进行智能管理，实现自动化库存管理。

立体仓库中还用到很多传感器，如激光测距传感器、光电传感器（漫反射式、对射式）、接近传感器、限位开关等，如图 6-19 所示。

图 6-19　立体仓库中的传感器

物料信息录入、信息查找等则在自动化立体仓库设备监控系统中完成。

（1）入库操作流程（图 6-20）：先将物料箱搬至上料口，扫码绑定物料箱和物料，选择货位信息。RFID 扫码器自动扫描物料箱，反馈给输送系统，输送线将物料箱输送至入库口，堆垛机将物料箱送入货架工位并反馈给 WMS，进行立库存储数据的更新。

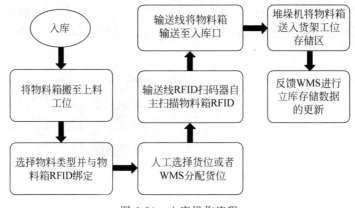

图 6-20　入库操作流程

（2）出库操作流程（图 6-21）：出库时通过软件查找物料对应库位信息，并下达出库指令即可。

图 6-21　出库操作流程

6.3.4　AGV 自动导航

AGV 是一种应用广泛的自动化设备，主要用于物流、生产线、仓储等场景，用于货物的自动搬运和运输。

AGV 能够根据预设的路径自动行驶，不需要人工操作或引导。它通常配备传感器和定位设备，如激光雷达、摄像头、惯性导航系统等，可以感知周围环境，实现自动避障和精确定位。同时，AGV 还配备通信设备，可以与中央控制系统进行通信，接收任务指令，上报运行状态。其结构如图 6-22 所示。

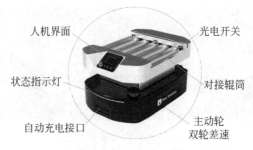

图 6-22　AGV 的结构

AGV 的优点主要包括提高生产效率、降低人工成本、提高作业精度和安全性等。它可以 24h 不间断工作,不受天气、疲劳等因素影响,可以在狭小、复杂的环境中工作,且作业精度高、误差小。

目前,AGV 已经在汽车制造、电子制造、食品加工、医药物流等多领域得到广泛应用,并且随着技术的发展,AGV 的应用领域还在不断拓大。

AGV 的核心技术主要包括以下方面。

导航技术:导航技术是 AGV 的核心技术之一,主要用于定位 AGV 的位置并规划其行驶路径。常用的导航技术包括磁条导航、激光导航、惯性导航、视觉导航等。

控制技术:控制技术主要用于控制 AGV 的行驶速度、转向、载货等操作。一般采用先进的控制算法,如 PID 控制、模糊控制、神经网络控制等,以实现精确、稳定的控制效果。

传感技术:传感技术用于感知 AGV 周围环境,如避障传感器、视觉传感器、激光雷达等。这些传感器可以提供 AGV 运行所需的环境信息,如障碍物位置、行驶路径等。

通信技术:通信技术用于 AGV 与中央控制系统的通信,以接收任务指令,上报运行状态等。常用的通信技术包括无线局域网(WLAN)、蓝牙、ZigBee 等。

能源技术:AGV 通常将电池作为动力源,因此,电池管理系统和充电技术也是 AGV 的重要技术之一。

如图 6-23 所示,AGV 通过辊筒之间的对接将携带的产品运送至指定的单元,是一种自动化辊筒对接方案,采用光电传感器模块进行自动对接。输送线侧边固定外设光电模块,确保 AGV 与输送线进行交互通信,保证物料正常接收和供应。外设光电模块连接到输送线控制柜内的 PLC 进行通信控制。AGV 车载光电模块固定在 AGV 对接两侧,对接采用协议进行通信对接。AGV 车体两侧都安装 AGV 车载光电模块,保证两侧都能与自动输送线进行对接。如只需要单侧对接,安装一个即可。

AGV到达辊筒线　　　　　　　AGV供料到辊筒线上　　　　　　　AGV供料完成

图 6-23　AGV 通过辊筒线完成供料

前面已经介绍,AGV 的核心技术包括导航技术和传感技术等。其中 SLAM 技术是当前最常用的一项技术。即时定位与地图构建(simultaneous localization and mapping,SLAM)这个概念最早于 1995 年由 R. C. Smith 和 P. Cheeseman 提出。但是,SLAM 领域最重要的论文之一是 Hector Durrant-Whyte 和 Tim Bailey 在 2006 年发表的论文"Simultaneous Localization and Mapping(SLAM):Part Ⅰ The Essential Algorithms"。这篇论文详细介绍了 SLAM 的基本算法,对 SLAM 的发展有着深远的影响。

如图 6-24 所示,AGV 导航的重要场景有地图编辑、机器人调度、AGV 物理模型编辑、实时 AGV 参数及状态反馈。AGV 具体功能包括:基于激光或深度传感器的环境地图构建;实时定位以自然轮廓为参考,实时输出机器人的坐标;路线巡航,根据设定好的路线和信息点进行巡航;自动充电,电量低时或收到返航信息时自动返桩充电;区域设定,可根据工况设定 AGV 在不同区域的运动参数及任务类型。

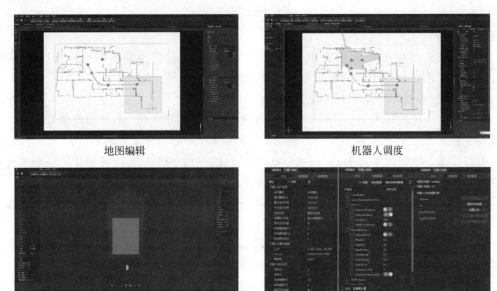

地图编辑　　　　　　　　　　　　　机器人调度

AGV物理模型编辑　　　　　　　　　实时AGV参数及状态

图 6-24　AGV 导航的重要功能

如图 6-25 所示,AGV 还要具备较为完善的调度功能,例如多机协作,可引导任何包含 SRC 控制器的机器人协同工作,无论是无人叉车、搬运机器人,还是复合机器人;最优规划,自动挑选最合适的机器人执行任务,并在整厂环境进行路径规划和交通管制;无缝对接,提供简洁的 Web API 网络协议,与 MES、WMS 等系统无缝对接。

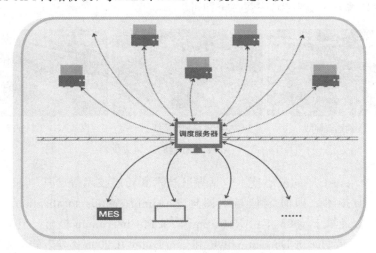

图 6-25　AGV 中调度服务器的接口关系

某 AGV 产品的重要技术参数如表 6-4 所示,可以发现该 AGV 的定位精度较高,达 5mm,可以承受较大负荷(150kg),但是最大速度只有 1.4m/s,而且连续工作时间不超过 16h,这说明电池问题是目前的短板。

表 6-4　某 AGV 产品的重要技术参数

技 术 参 数	参 数 说 明
导航方式	激光 SLAM 导航
车体尺寸	1250mm×700mm×h （高度可定制，最低 400mm，尺寸以最终设计为准）
运动方式	两轮驱动、无轨化行走
最大总负载	150kg（含上层辊筒重量）
持续运行时间	≤16h
最大速度	≤1.4m/s
重复到位精度	±5mm，±0.5°
刹车距离	≤0.1m
转弯半径	可原地差动旋转
通过性	坡度<5％，台阶<0.5cm，间隙<1cm
充电方式	手动/自动/快换
供电方式	48V 52A·h 锂电池
通信方式	Wi-Fi(2.4GHz/5GHz 双频 Wi-Fi,2T2R)

AGV 实际上是一个移动机器人，后续实践通过 ROS 进行。具体实验教学目标设计如下。

1. 知识层面

（1）了解移动机器人的基础硬件构成（动力方面、运动方面、控制方面、传感器方面）。

（2）了解移动机器人的工作原理（PC—移动端控制器—运动模块）。

（3）了解移动机器人的开发及控制平台（Ubuntu 系统、ROS 控制框架）。

（4）了解移动机器人的仿真（ROS 运行机制、ROS 仿真环境（Gazebo、RVIZ）、URDF 模型等）。

2. 能力层面

（1）通过引导学生组装 Turtlebot 机器人，培养学生的实践动手能力。

（2）通过调整安装顺序使学生犯错，培养学生在实践过程中发现问题及解决问题的能力。

（3）通过设立两人及多人分组实践，培养学生的团队协作能力。

3. 价值层面

（1）在实践过程中积极鼓励同学，培养学生实践动手的主观能动性。

（2）在教学时使用中外技术比对，客观了解技术差距，树立学生的爱国图强价值观。

【教学难点与应对措施】

难点：受限于课堂时间及 ROS 控制系统的复杂性，本课程不能使学生从硬件及软件的最底层做起，这就使学生理解完整 ROS 控制系统有很大的难度，是课堂讲授的难点。

应对措施：

（1）采用模块化机器人套件 TURTLEBOT，此机器人套件也提供虚拟仿真模型，可以虚实结合,提升学生的认知。

（2）教师提前准备相对复杂的模型文件、通信节点文件,仿真时部分调用。

（3）根据学生能力的不同编写详细的指导说明,保证每位学生都能完成学习目标。

如图 6-26 所示,具体教学内容包括机器人理论简述、机器人仿真、机器人组装、导航实践和环节小结。

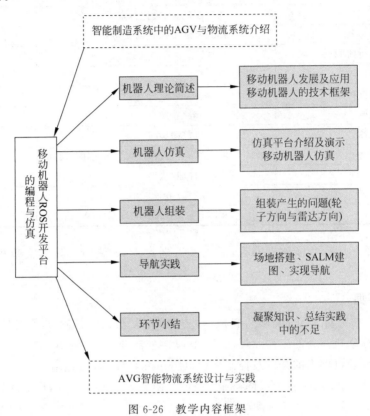

图 6-26　教学内容框架

（1）机器人理论概述：介绍移动机器人历史与 ROS 平台,简单地熟悉相关通信机制、开发工具和应用功能。

（2）仿真技术介绍：包括机器人仿真平台和环境,例如 RVIZ,Gazebo,如图 6-27 所示。

RVIZ

Gazebo

图 6-27　仿真技术

（3）乌龟运动案例演示（了解 Topic 话题机制及键盘控制机制），同时了解 Ubuntu 系统，如图 6-28 所示。

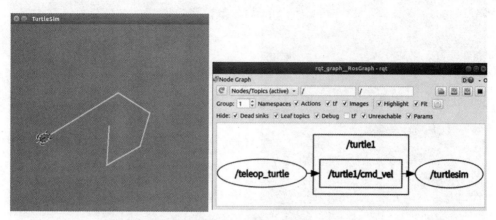

图 6-28　乌龟运动案例

（4）使用 URDF 文件完成 TURTLEBOT 移动机器人虚拟模型搭建，如图 6-29 所示。

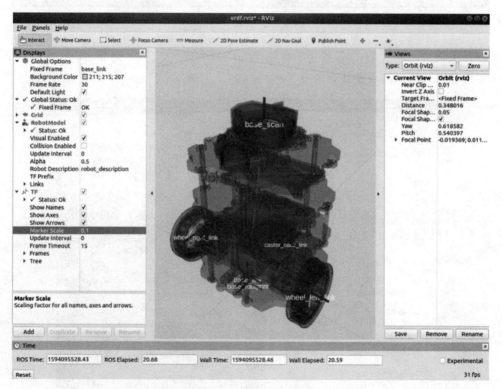

图 6-29　虚拟模型搭建

（5）了解激光雷达 SLAM 建图（使用键盘控制 TURTLEBOT 机器人移动，同时雷达 360°转动感知周围环境创建地图），如图 6-30 所示。

（6）实现 TURTLEBOT 机器人在虚拟环境中的自主导航（给定仿真环境中机器人初始位置及小车朝向，再给出目标点位置及小车朝向，会出现一条规划好的导航路径，小车基

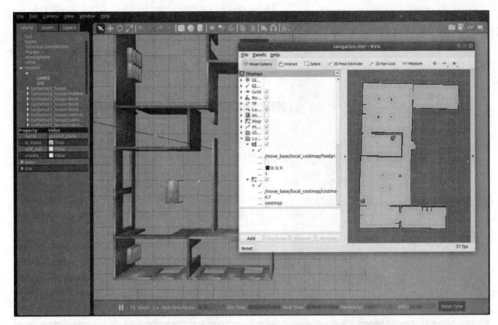

图 6-30　SLAM 建图

于此路径实现自主导航，中间过程可实现避障功能），如图 6-31 所示。思考题：虚拟仿真与现实运行有差距吗？体现在什么地方？

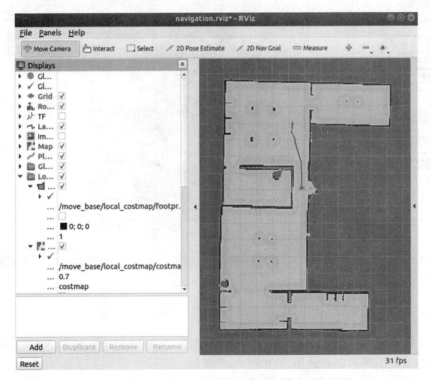

图 6-31　TURTLEBOT 机器人在虚拟环境中自主导航

（7）小乌龟跟随案例拓展，如图 6-32 所示。

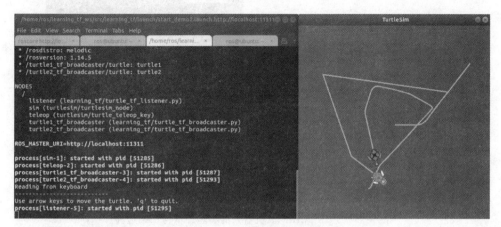

图 6-32　小乌龟跟随

（8）TURTLEBOT 移动机器人套件组成（电池、全向转动舵机、OpenCR 下位机控制板卡、上位机树莓派控制板卡、激光雷达传感器），如图 6-33 所示。思考题：移动机器人雷达和轮子有对应方向吗？

（9）创建局域网，使用 PC 接入设备端控制器（创建局域网络，两台设备共同接入，PC 端虚拟机 Ubuntu 通过 SSH 远程登录树莓派控制 Ubuntu 系统，从而控制小车），并且搭建实验场地，如图 6-34 所示。

图 6-33　TURTLEBOT 移动机器人的结构

图 6-34　实验现场

（10）利用 SALM 技术创建实践场地地图（通过激光雷达感知周边环境传感的二维矢量栅格地图），如图 6-35 所示。思考题：还有哪些技术可以构建地图？

（11）建立机器人初始点及方向，给定机器人目标点位置及方向，判断机器人能否实现自动导航完成任务，如图 6-36 所示。思考题：机器人中途遇到其他移动机器人是否会避障？

6.3.5　智能装配单元

减速器装配单元（图 6-37）分为上料单元、压装单元、拧紧单元、人工装配单元及成品输出单元。

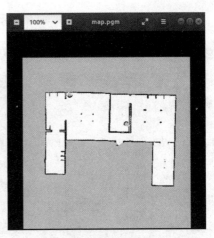

图 6-35 TURTLEBOT 机器人的实验环境与二维边界

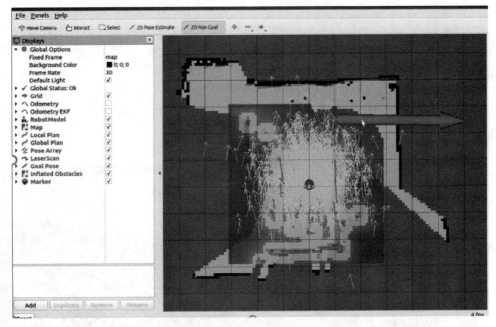

图 6-36 SLAM 技术建立的二维地图

图 6-37 减速器装配单元

上料单元由 6 个输入辊道组成,分别为两个型号的端盖、蜗轮、箱体的物料输入。其中,工业机器人在上料单元抓取物料时,根据视觉系统调整位姿进行定位,从而抓取所需物料。

压装单元(图 6-38)为主要装配工艺单元,在这里伺服压力机拾取不同的压装工具进行装配,完成轴承、蜗轮、箱体等的装配工序。

拧紧单元(图 6-39)根据给定的扭矩,对端盖上的 4 颗螺钉进行拧紧,完成连接端盖和箱体的螺钉拧紧工序。

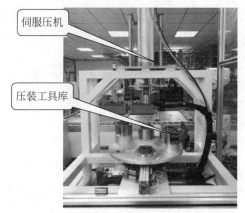

图 6-38　压装单元

图 6-39　拧紧单元

完成自动化装配后,传送带将半成品减速器运送到人工装配单元进行人工装配,最终将成品放到成品输出单元。其中人工装配单元(图 6-40)的物料区域配有重力传感器,物料不足时会发出报警信号。同时配备扫码枪,进行物料扫码,录入物料或补料信息。

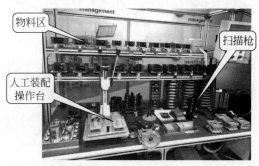

图 6-40　人工装配单元

减速器装配流程(图 6-41):MES 下订单—辊道上物料箱—机器人抓取箱体—压装轴承—压装蜗轮—压装端盖—锁紧螺钉—手工装配—成品输出。

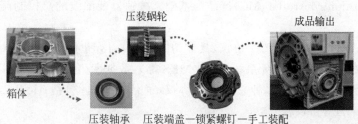

图 6-41　减速器装配流程

6.4 网联技术介绍

该减速器生产线依靠 OPC(OLE for process control,用于过程控制的 OLE)网络协议进行连接与管理。OPC 是针对现场控制系统的工业软件标准,解决不同工业网络、设备和系统之间的互联互通问题,是工业界默认的系统互连方案。为了更好地推广 OPC 在各工业系统中的应用,OPC 基金会推出了 OPC UA 统一架构标准,希望建立信息模型的统一通信模式。2017 年,我国也发布了《OPC 统一架构》国家标准并建立了相关的认证实验室。OPC UA 对于加快制造业的数字化转型和智能制造的升级战略有着重要意义。

如图 6-42 所示,作为一条智能装配线,该线能够实现多种型号柔性混线的智能化生产。该装配线在硬件上通过灵活可靠的机构设计与执行单元,保证高精度、高效率和高质量的柔性装配,并且通过搭建的智能系统平台与数字孪生系统实现订单管理、物料管理、追溯管理、可视化生产过程管理与虚拟仿真等功能。

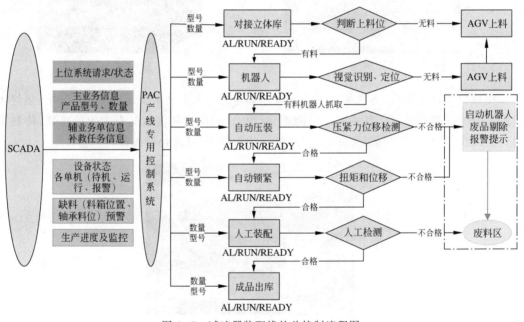

图 6-42　减速器装配线的总控制流程图

装配线的控制单元是产线专用控制系统(programable action controller,PAC),该控制系统是以和利时科技集团公司的可编程逻辑控制器(programable logic controller,PLC)和运动控制器(motion controller,MC)产品为基础。减速器装配线的总控制流程图如图 6-42 所示。

其中,SCADA 支持 OPC UA 协议,具体功能如图 6-43 所示。OPC UA 协议能够通信对接 HMI 模块、移动应用、业务系统(例如 MES 等)、数据库(包括数据计算与数据配置),以及各种设备与系统对应的多种总线通信协议(通信前置机,包括 Modbus、IEC103/104、OPC、Ethernet/IP 等协议栈)。

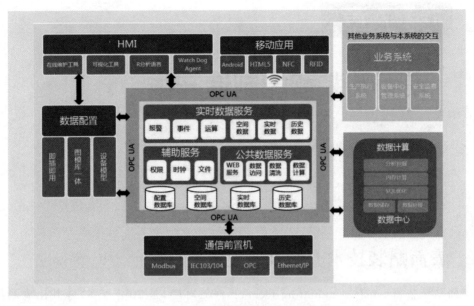

图 6-43　SCADA 中的 OPC UA 协议

6.5　实践总结

　　本章首先对蜗轮蜗杆减速器的机械结构进行介绍,其次对生产该减速器智能工厂中工业生产线上的 4 个主要单元(机加工、检测、立库和装配)进行介绍,最后对每个单元的实践教学和网络连接技术都进行了相应的介绍。本章的教学目的是通过机械产品减速器的工业生产线建立学生对智能制造技术的具体认知:具备智能制造功能的工业生产线是如何保证大规模产品制造的质量可靠性,并通过自动化和智能化等技术节省人力成本的。

第7章

表面贴装智能制造产线

7.1 表面贴装技术介绍及工艺

表面贴装技术(surface mounting technology,SMT),是 20 世纪 60 年代出现的技术。为了减轻电子产品的重量,元器件由通孔封装形式变为表面安装封装形式,从而使焊接技术也发生了根本性改变,由波峰焊接改为回流焊(也称再流焊),以其高组装密度、优异的可靠性和稳定性、高效的生产效率及材料节约优势,成为现代电子制造业中主流的电子组装技术之一。SMT 工艺主要包括印刷工艺、贴片工艺、回流焊接工艺,辅助工序包括光学辅助自动检测工艺、返修工艺,以及与之相关的焊点质量标准和可靠性等方面的内容。SMT 的主要工艺流程如图 7-1 所示。

施加锡膏　　　　　　　贴装元器件　　　　　　　再流焊

图 7-1　SMT 的主要工艺流程

7.1.1 印刷工艺

印刷工艺是通过印刷模板(也称钢网)的漏印孔,将膏状的焊料涂覆到印制板(PCB)需要焊接的焊盘上,钢网的制作方法和开孔设计对印刷质量有很大影响。如图 7-2 所示,焊膏的印刷原理为使用刮刀以 60°或 45°挤压焊膏,并以一定的速度向前移动,垂直于刮刀施加给焊膏的力 F 被分解为水平力 X 和垂直力 Y,水平力使焊膏向前移动,垂直力将焊膏挤压至钢网的开孔。刮刀移动完成后钢网与印制板分离,当焊膏与焊盘的黏合力大于焊膏与钢网侧壁的摩擦力时,焊膏漏印在焊盘上。焊膏是将元器件与印制板连接导通,实现电气与机械连接的重要材料。焊膏主要由合金粉末和助焊剂组成,在焊接过程中分别发挥功效,完成焊接工作。

SMT 实验室采用英国 DEK 公司型号为 Horizon 03iX 的全自动印刷机,具有高精度、高可靠性的特点。焊膏印刷的位置精度在 $\pm 25\,\mu m\ 6\sigma$ 范围内。对印刷效果影响最大的关键参数包括印刷速度、刮刀压力、脱模速度和脱模距离等,设置这些关键参数并使其相互匹配,才能提高印刷质量。

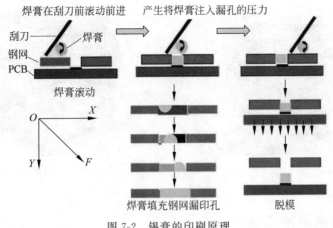

锡膏印刷
工艺

图 7-2　锡膏的印刷原理

7.1.2　贴片工艺

贴片工艺是将电子元件直接贴附在已经涂有焊膏的印制板表面的过程。具体表现为机器吸嘴产生真空负压,从元件供料器中拾取元件,用光学照相机对元件进行拍照,查看元件外形尺寸,计算元件中心位置,并将元件按照中心位置放置在印制板预先输入的坐标位置。贴装示意过程如图 7-3 所示。

贴片工艺

图 7-3　贴装示意过程

贴片机分为高速贴片机和多功能贴片机。高速贴片机速度快,贴片精度有损耗,适合贴电阻电容类的 CHIP 元件和小型三极管。多功能贴片机精度高,速度会有一定的降低,主要贴装引脚密度高(比如 TSOP、SOP、QFP、BGA 等封装)的元件。SMT 实验室的高速贴片机采用美国环球仪器公司制造的 Fuzion2-60,理论速度达到 66000 点/h,精度为 $\pm 55 \mu m$,如图 7-4 所示。多功能贴片机型号为 Genesis SC GX-11S,理论速度达到 10000 点/h,精度为 $\pm 10 \mu m$,如图 7-5 所示。除主机外,贴片机最重要的配件是供料器(feeder,也称飞达),主要分为带式供料器和盘式供料器。供料器的主要任务是输送元件到指定位置,为机器吸嘴拾取元件提供保障。SMT 贴片机的运行通过编程实现,通过机器能够识别的算法或语法给出的指令,确保贴片机根据加工需求的物料清单和印制板的 Gerber 文件要求进行元器件的贴装。

图 7-4　高速贴片机

图 7-5　多功能贴片机

7.1.3　回流焊接工艺

贴装好元件的印制板送至回流炉内进行焊接。每块印制板在焊接炉内必须按照一定的温度曲线焊接才能保证焊点的质量和可靠性。焊接曲线一般分成五个阶段,即升温区、恒温区、助焊区、焊接区、冷却区。在升温区焊膏中的溶剂和气体被蒸发,同时助焊剂开始作用。恒温区确保印制板和元器件得到充分的预热,防止进入高温焊接区时损坏。焊接区是使焊膏达到熔化状态的关键区域,温度迅速上升使焊膏达到熔化状态,液态焊锡对印制板的焊盘、元器件端部和引脚润湿、扩散、漫流形成焊锡接点。冷却区则用于焊点凝固。回流焊接温度曲线如图 7-6 所示。

SMT 实验室的回流炉为美国 Vitronics Soltec 公司制造的 CT10140 型十温区热风回流焊接炉,如图 7-7 所示。温区越长意味着温度均匀性、热风稳定性、焊接适应性越好,焊接性能也越好。目的是确保每种印制板进入回流炉,元器件的温度都能按照温度曲线进行焊接。

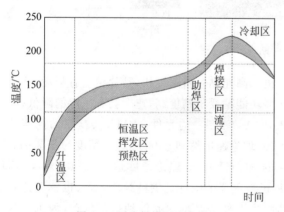

图 7-6　回流焊接温度曲线

图 7-7　十温区热风回流焊接炉

7.2　SMT 智能制造产线

SMT 实验室在充分考虑场地空间和教学规划的基础上,紧密结合当前及未来的行业技术发展趋势,通过网联化建设构建了一个由 SMT 全自动产线、智能物料塔、空轨小车物流系统及 MES 组成的智能制造产线系统。该系统不仅满足了实验教学的需求,也展示了智能制造技术的发展成果。

7.2.1　全自动 SMT 产线

一条全自动 SMT 生产线除包括印刷机、贴片机、回流焊接炉外,还包括在线检测设备和自动上下传输设备。检测设备包括基于工业视觉技术的锡膏检测设备(solder paste inspection,SPI)和自动光学检测设备(automated optical inspection,AOI)。目的是通过画像处理代替人工目视检测锡膏印刷质量、贴装质量及焊接后的焊点质量,提前发现并纠正潜在的缺陷。对于 BGA 封装元器件本身会覆盖焊接点位的情况,通过自动 X-ray 检测设备进行确认。自动上下料传输设备的作用是在生产线的两端盛放及传输印制板。SMT 实验室的全自动生产线示意图如图 7-8 所示。

上料机　印刷机　SPI　CHIP贴片机　IC贴片机　回滚炉　炉后AOI　X-ray　下料机

图 7-8　SMT 实验室的全自动生产线示意图

7.2.2　智能物料塔

如图 7-9 所示,智能物料塔改变了 SMD(surface mounted devices,表面贴装器件)物料传统的料架式存放方式。以智能仓储实现了 SMD 存放、入出料过程的自动化和信息化。可节省人工、快速、准确,大幅提高生产效率及物料管控水平。物料塔具备以下智能化管理功能,便于与 MES 等信息化系统实现数据及控制指令的互联互通。

图 7-9　智能物料塔

(1)条码标签管理。通过条码标签管理软件,在每盘 SMD 入仓之前自动生成唯一的识别码,并关联至制造执行系统等数据库系统。

(2)仓内环境可控。仓内具有温度、湿度调节控制系统,并达到 ESD 防护标准,可实现干燥空气或氮气的充入控制。

(3)检索和追溯功能。可通过远程、后台软件及面板操控等方式对仓内元件进行快速检索,并通过制造执行系统对仓内器件实现快速导入、自动记录历史进出料信息等功能,方便元件的管理和追溯。

7.2.3 空轨小车物流系统

SMT 生产过程中需要频繁使用和补充各种电子元器件,为了满足生产线各工艺位置的实时需求,需要及时将元器件运送到指定工位,确保生产的连续性和高效性。相较于地面 AGV 物流运输方式,空轨小车物流系统通过悬挂式输送小车系统实现物料在生产线各环节之间的快速准确运输。

SMT 实验室空轨小车物流系统由智能料塔、空轨小车、空轨轨道、收发料控制台及控制软件组成,空轨小车和收发料控制台如图 7-10 所示。贴片机缺料需要物料输送时,在收发料台上根据生产线需求申请物料,发料台根据申请清单从物料塔取出元件料盘,将物料装入小车料仓,启动发车后料仓自动上升,空轨小车沿轨道运送物料至贴片机旁收料台,料仓下降并自动卸货。生产结束后在收料台可根据生产线物料剩余情况申请物料回收,发料台根据回收申请清单发送小车至收料台,将待回收物料装入小车料仓后,料仓自动上升并运送物料返回发料台。到达发料台后从小车料仓取出元件料盘,清点确认后,通过智能料塔系统存入仓内。

图 7-10 空轨小车和收发料控制台

7.2.4 SMT 产线网联化

SMT 产线网联化是一个涉及多方面的过程,主要依赖于先进的通信技术和信息管理系统,以实现生产线的高效、智能化管理和控制,实验室从以下两方面开展网联化建设。

(1) 设备联网与通信。SMT 产线设备基于 TCP/IP 协议,通过路由器的 LAN 口与 SMT 设备的网络接口有线连接,并为每台设备分配唯一的 IP 地址建立局域网,如图 7-11 所示,实现了 SMT 自动化产线上主要工艺设备间的互联互通,即实现了设备的数据采集和数据共享,从而优化生产过程,提高生产效率。

(2) 信息系统集成。MES 作为 SMT 产线网联化的核心,负责整合产线上的各种信息,实现生产过程的可视化、可追溯和可优化。

7.2.5 MES

MES 是一种用于管理和监控制造过程的软件系统,可以在生产现场实时收集和处理数据,实现对生产过程的全面控制和可视化,帮助制造企业提高生产效率、生产质量和可追溯

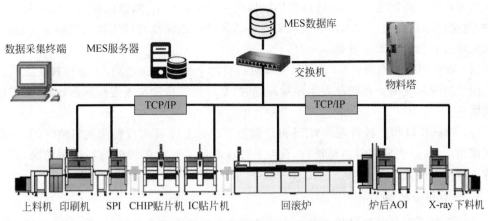

图 7-11　SMT 产线网联化局域网

性,实现信息化管理的目标。SMT 作为电子制造的重要环节,针对 SMT 生产过程出现的贴片缺陷、焊接不良、来料缺失、工艺参数设置不当、设备故障等问题,MES 可以实现实时监控记录并追溯生产过程中各环节的数据,根据预设的规则和标准对工艺参数进行实时调整,建立质量管理体系,记录每个产品的生产数据和质检结果,快速了解产品质量状况。根据实验室 SMT 智能产线的教学特点,通过 MES 的物料管理、质量管理、工艺管理、生产管理等主要功能实现教学生产线的智能化管理。

1. 物料管理

如图 7-12 所示,SMT 物料管理涉及生产中使用的各种元器件、原材料和零部件的采购、收料、入库、跟踪和使用等。MES 通过以太网通信建立与智能物料塔的联动,实现 SMD 物料存储的信息化管理,包括如下功能。

图 7-12　物料管理

(1) 物料采购管理。MES 可以根据生产计划和物料需求自动生成采购订单,并跟踪采购流程,确保及时供应所需物料。系统记录和管理所有物料的信息,包括物料名称、规格、供应商信息、采购价格、批次信息等。通过这些信息,系统可以追溯物料的来源和使用情况。

(2) 物料接收和检验。当物料到达生产现场时,MES 可以记录物料的接收情况,并进行质量检验。系统可以根据设定的标准对物料进行检验,确保物料符合质量要求。

(3) 物料存储管理。采用智能物料塔存储 SMD 元件,通过条码标签管理,在每盘 SMD 存入物料塔前自动生成唯一的识别码(UID),并关联 MES 数据库系统。仓内具有温度、湿度调节控制系统,达到静电放电(electro static discharge,ESD)防护标准,可实现干燥空气或氮气充入控制。有效解决 MSD 元件(潮湿敏感元件)因物料受潮在高温回流时导致产品质量和可靠性下降问题。MES 可以管理物料的存储位置和条件,确保物料存放在适当的环境中,避免因不良存储导致的损坏或污染。系统还可以跟踪物料的库存数量和有效期,提醒及时处理过期物料或库存过剩。

(4)物料跟踪和追溯。MES 可以实现对物料的全程跟踪和追溯,记录物料在生产过程中的使用情况和流向。在产品发生质量问题时,系统可以帮助快速定位问题物料,并采取相应的措施。

(5)物料投料和耗料管理。MES 可以监控生产线上物料的投料和耗料情况,及时更新物料使用记录,并生成物料消耗报告,有助于管理人员了解生产线的物料使用情况,做出合理的物料调配决策。

2. 产品工艺管理

产品工艺管理是制造过程中的一个关键环节。它涉及产品的设计、生产工艺、工艺参数的设定、工艺流程的优化等方面,基本功能如图 7-13 所示。

图 7-13　产品工艺管理基本功能

产品工艺建立的基本步骤如下:①创建新产品,设置产品基础信息。②导入产品资料,建立产品 BOM 表,设置位号和器件贴装位置。BOM 表中包括所有需要的元器件、封装、和数量等信息。在 SMT 生产工艺准备阶段,BOM 表的导入可确保生产过程中的物料准备和元器件贴装等工作按照设计要求进行。③设定产品实际工艺流程。④分配物料,将 BOM 清单中的物料分配到产品相应的生产工步。⑤对审核完成的产品工艺进行发布。

3. 生产管理

生产管理所需的基本功能如图 7-14 所示,基本执行步骤如下。

(1)生产前准备。根据使用需求或教学计划,在生产管理系统中新建工单,包括产品型号、数量、生产要求等信息。根据工单信息进行工单标签打印,打印完成后将标签粘贴在印制板对应的固定位置,确保加工产品在整个生产工艺过程中通过扫码方式被正确识别,如图 7-15 所示。

(2)贴片机上料。通过生产任务单生成领料单,通知物料塔出料。物料塔接收对应备料任务后会自动出料。使用 PDA(手持终端)登录 MES,选择 SMT 在线上料功能,再选择需要上料的工单,会显示所需上料的物料信息等。扫描物料料盘码,会弹出扫描站位框,通过扫描对应站位的二维码,物料会与站位完成绑定,如图 7-16 所示。

图 7-14　生产管理基本功能

图 7-15　印制板扫码识别　　　　图 7-16　贴片机上料

（3）SMT 加工。SMT 贴片机加工时，系统会根据贴片机后的扫描枪扫描过站的情况进行缺料预警，如缺料达到系统预警值，系统会与物料塔进行信息交互，使所缺料自动从物料塔出料，当线上物料用完后，再通过 PDA 登录 MES，通过接续料功能扫描原料盘 UID，再扫描新料盘 UID，将新料盘接续到旧料盘上。

（4）生产跟踪与质量追溯。通过工单完工进度表，查看工单的完工进度，如生产数量、完成数量、完工率等信息。生产质量追溯，扫码要查询的工单号，即可查看过站、缺陷、测试数据、物料追溯等信息。

4. 质量管理

SMT 全流程质量管控是一项系统工程，要获得稳定的产品质量，需要从物料、设计、工艺和生产进行系统考虑，基本功能如图 7-17 所示。

在物料管理阶段，IQC(incoming quality control)即来料质量控制，重点在于来料质量检验，需对来料进行严格检验，包括物料与 BOM 表的一致性、PCB 焊盘和元件是否有氧化损坏、元器件是否有运输损坏等内容。此外，还需检查 IC、BGA 类元件的引脚和焊球是否氧化、变形，以及连接器、按钮等元件规格尺寸和耐温是否符合要求。

图 7-17　质量管理基本功能

在生产过程中,检验缺陷由检验设备生成并采集,需要事先进行缺陷定义、检测项目、检测类型、检具量具管理等相关的设置。尤其是缺陷定义,涵盖成品及半成品外观检测、焊接检测、贴片检验、性能检验的生产全过程,便于管理者登记、辨别、追溯、分析,有利于实现产品设计和生产工艺的闭环优化。

在新产品批量生产中首件检查和抽检是两个重要的质量控制环节,用于确保生产过程中产品质量符合要求。在首件检查中,通常会选择首批生产的几个产品进行详细检查,包括尺寸、外观、功能等方面。检查结果需要与规格进行比对,确保产品符合要求。首件检查的结果会被记录,作为产品质量的参考。如果首件检查合格,生产过程可以继续进行。如果不合格,则需要调整生产过程或工艺。抽检是在生产过程中随机抽取样本进行检验的方法,用于评估生产批次的整体质量水平。抽检可以帮助发现生产过程中的问题并及时进行处理。

7.3　SMT 智能制造产线教学实践

7.3.1　基于混合现实技术 SMT 产线认知实践

1. 混合现实技术实践

混合现实技术(mixed reality,MR)在智能制造领域的人机交互变革中,发挥着至关重要的作用。一方面,混合现实作为一种新兴的交互技术,融合了虚拟现实(VR)和增强现实(AR)的技术优势,通过描绘一个虚实叠加的交互式环境,为智能制造的教学交互带来新的体验。在传统的制造环境下,人机交互通常依赖于 2D 的图形化元素,如图形界面、控制器、文本,而混合现实技术能够将虚拟信息无缝融入现实空间,使师生可以在真实的物理环境下与虚拟内容直接交互。例如,学生可以通过空中手势、语音、凝视等方式控制设备,实现更自然、更直观的操控体验,MR 在智能制造场景中的教学应用如图 7-18 所示。另一方面,混合现实技术为智能制造带来了更高效的人机作业协同模式。在传统的生产环节中,操作员通常需要依靠纸质文档或电子屏幕获取生产信息,这不仅效率低下,而且容易出错。MR 技术可以将生产信息实时投影到操作员视野,使其快速获取并处理信息。

随着混合现实在智能制造和教育领域逐渐受到关注,尤其是对于 SMT 这种高度集成的智能产线,学生不仅要掌握理论知识,还要了解基本的工艺流程。混合现实技术的引入,无疑为 SMT 的教学提供了一种创新性工具。混合现实可穿戴设备的头显(HMD)和其他传感器,将虚拟场景实时连续地呈现到现实空间中的正确位置。在 SMT 教学环节中,这意味着学生可以在虚实叠加的环境中进行实践,无须担心设备损坏或因操作不当造成受伤。例如,在学习 SMT 设备的生产流程时,学生可以通过混合现实技术,在模拟的透视效果下观看完整的加工过程,模拟的沉浸体验可使学生更加投入,帮助他们更容易地理解和掌握 SMT 制造技术。MR 在 SMT 教学应用中的效果如图 7-19 所示。

图 7-18　MR 智能制造教学体验

图 7-19　MR 在 SMT 教学应用中的效果

饮料灌装线教学场景

SMT MR 教学场景

2. 实践内容设计

教学环节的设计通过利用混合现实交互技术,创建各种复杂程度不一的 SMT 任务,使学生在完成实践任务的过程中学习并掌握相关知识。通过实时反馈学生的互动数据,帮助教师更好地了解学生的学习情况,及时调整教学策略。教学环节的设计遵循以下原则:①创新性,平台应能激发学生的创新思维,提供多样化的设计工具与资源;②实用性,结合 SMT 技术的实际应用,确保学生在实践中学习的知识能够对接行业需求;③先进性,采用当前行业内领先的电子产品设计与制造技术,确保平台的时效性与前瞻性;④易用性,系统界面友好、操作简单,方便学生快速操作。

通过对 SMT 表面贴装生产线的 MR 智能化升级,为学生打开加工工艺背后的“黑盒子”,将生产流程和加工工艺完整地呈现给学生。教学内容的开发围绕实验室现有 SMT 生产线的锡膏印刷工艺、贴片工艺、回流焊接工艺开展。然而在教学实践中,由于涉及的工艺流程和设备众多,加工工艺和参数设置错综复杂,尤其是加工过程被设备外壳遮挡,生产环节缺乏透明度,导致学生不易理解其背后机制。针对这一教学瓶颈,我们从以下三方面进行实践教学的设计开发。

(1) 知识点的深度描绘与三维可视化。目前 SMT 教学实践中涉及的知识点一般以文档及口述形式展开,通过视频、图表等形式补充。这对于刚刚接触智能制造的学生来说,较难形成直观而深刻的理解。因此引入更多的三维可视化工具,例如 3D 建模、三维动画、虚拟仿真等,将知识点以更直观、更生动的方式呈现,这样不仅能够提高学生的兴趣,还能帮助他们更好地理解和掌握相关知识。

(2) 加工工艺过程的透明化。由于 SMT 产线自动化程度高,设备及加工工艺高度集成,设备机械动作被设备外壳遮挡,无法看到内部的加工过程及工艺参数。通过引入部分 MES 数据实时驱动的可视化方案,不仅加工过程可以可视化地呈现给学生,还可以结合工艺数据图表帮助学生理解其中的关键技术和参数。在 MR 虚拟运行的环境中,教师可以对各种参数进行调整和优化,观察其对整体生产流程的影响,通过模拟仿真的方式提供实时反馈和数据分析,使学生能够更加清晰地了解各参数之间的相互影响,从而在实际操作中更精准地掌握关键技术。

（3）MR 技术的扩展应用。将 MR 技术应用于辅助教学的环节，探索其他领域的教学应用，例如数字孪生等。通过创建丰富的教学场景和实践案例，帮助学生更好地理解智能制造领域前沿技术和发展趋势，提升学生在 MR 教学环境中的创造性，探索不同的解决方案，培养他们的创新能力和全局思维。

3. 实践实施方法

教学软件的开发基于 Microsoft HoloLens 2 可穿戴式设备，如图 7-20 所示。其作为混合现实头盔，以其独特的功能和前沿技术，将虚拟世界与现实世界无缝融合，提供全新的沉浸式体验。其技术核心是空间定位，通过先进的图形图像算法和人机交互技术，能够在课堂上凭空创造出全息影像，可通过影像互动对课堂中的任意一人产生响应，仿佛大家身处一种虚拟与现实融合的空间中，教学软件开发的核心技术体现在以下方面。

（1）空间映射技术。能够感知周围环境空间，其核心在于能够捕捉现实空间中的三维数据，通过计算机算法进行数据处理与分析，将渲染虚拟画面的摄像机实时连续地修正到正确的位置，进而将这些数据映射到现实空间中，实现现实与虚拟的无缝衔接。在此基础上可以对虚拟事件进行编辑、修改和优化，使虚拟的教学内容更符合实践的需求和预期。在智能制造的教学环境中，同样可以利用这一技术，将现实环境的空间数据快速导入设计软件，进行精确的测绘与规划，如图 7-21 所示。在开发教学内容的过程中不断尝试各种创新，以便找到最佳解决方案，使最终设计出的教学软件更符合预期目标。

图 7-20　Microsoft HoloLens 2 可穿戴设备　　　　图 7-21　空间映射与三维设计

（2）人机交互。在教学内容的设计过程中，希望追求学生的沉浸式体验，能够以更直接、自然的交互形态完成课程内容。例如通过设备集成的深度传感器和相机获得手部关节的坐标数据，构建真实的手部动态，使学生直接用手拾取三维物体，如同抓取真实物体。同时，为提升内容的可拓展性，可进一步构建丰富的交互界面和工具，例如通过虚拟键盘完成文本内容的输入，通过递进式菜单完成隐藏内容的显示与切换，使学生能够更轻松地在 MR 教学场景中与内容沟通。除三维手势识别，还可以借助语音识别功能为学生创建指令集，直接对虚拟内容说出提示指令，获得及时反馈，进一步增强沉浸感。

（3）三维可视化。基于 MR 的三维可视化教学内容开发，是一种涵盖数据采集、数模处理和模型渲染的全流程技术。内容设计的开发初期，需要先通过高精度的三维扫描仪对教学场景、教学设备、教学工具等进行逆向三维还原工作，以获得真实世界基础的三维数据，如图 7-22 所示。通过将这些模型数据导入专业的三维处理软件，进行模型的优化、纹理 UV映射的调整、虚拟光照环境的设置等，确保学生获得贴近现实的观看效果。数据处理完成后,还要根据实际应用需求,编写交互逻辑,使师生能够与三维模型进行自然交互。最后通过常用的软件开发工具,例如 Unity 引擎,对三维数据与虚拟元素进行实时渲染和展示,呈现完整的 MR 教学体验。

图 7-22　逆向扫描工作

4. 教学实践

本教学实践单元旨在帮助学生深入理解表面贴装生产线的工艺流程、设备原理及常见问题、问题解决方法,培养学生的实际操作和问题解决能力,具体的课程目标如下:①理解 SMT 生产线的基本原理和工艺流程;②掌握使用混合现实技术进行 SMT 生产线的模拟操作;③分析 SMT 生产线的常见故障及解决方法;④通过 MR 技术培养学生团队协作和解决问题的能力。

实践课程按照 SMT 工艺顺序,即焊锡膏的印刷-印刷工艺、锡膏涂敷质量检测-SPI、电子元器件贴装-贴片机、元器件的焊接-回流焊炉、焊接质量的检测-AOI 等工艺环节开展。学生先了解 SMT 生产线的基础知识,为后续的 MR 交互环节构建理论基础,随后在教师的带领下熟悉 MR 眼镜和操作流程,如图 7-23 所示。在简短的交互体验后,共同进入 MR 课堂交互体验。在上课过程中,学生通过教师的引导实时观看清晰的加工步骤,教师对学生的交互数据进行实时反馈与纠错,并给出正确的操作方法,帮助学生快速理解正确的工艺流程,以下展示几个课程中的交互案例。

图 7-23　教学现场

1) 锡膏印刷工艺的认知

锡膏印刷工艺参数和性能质量直接影响电子板件的质量和生产效率。为确保锡膏印刷核心知识点的讲解,通过对其关键工艺数据进行筛选分析、数据可视化展示,帮助学生梳理锡膏印刷的相关知识点。如图 7-24 所示,学生在 MR 教学内容的引导下观察锡膏印刷机的工作原理、加工数据、制造商信息等内容。锡膏印刷机的关键点在于锡膏的黏稠程度、印刷速度、刮刀的印刷压力、清洁度等方面,具体的工艺认知如下。

(1)锡膏黏度。锡膏黏度是评价锡膏流动性的重要指标,通过三维数据可视化的图表元素展示锡膏属性,包括工艺参数、储存温度、保质期等。在锡膏印刷过程中,适当的黏度可以确保锡膏顺利通过印刷模板的开口,并在印制板上形成均匀的焊点,通过放大微观视角,借助三维动画手段帮助学生模拟锡膏印刷细节。

(2)印刷速度。印刷速度决定了锡膏在模板和板件之间接触的时长和压力,过快的刮刀速度会导致锡膏分布不均匀,而过慢的速度会降低生产速度和生产效率。因此在 MR 教学视角下,通过展示两种刮刀移动速度的对比动画,为学生演示锡膏分布导致的成品差异。

(3)刮刀压力。刮刀的下压力决定锡膏在模板和板件之间接触的紧密程度。适当的下压力可以确保锡膏充分填满模板开口,并在印制板焊盘上形成饱满的焊点。压力过大可能导致锡膏溢出模板开口,焊接过程中容易形成电路短路;压力过小则可能导致锡膏填充不足,形成虚焊。因此可通过调整不同的印刷压力模拟钢网印刷的下压效果。

(4)钢网清洁程度。钢网的清洁程度对焊点质量有着至关重要的影响。任何杂质或污染都可能导致焊点出现缺陷,例如空洞、冷焊等。因此需要定时对钢网进行清洁和维护,如图 7-25 所示,学生在 MR 预见性维护的引导下,更换并清洁钢网,以确保设备正常运行。

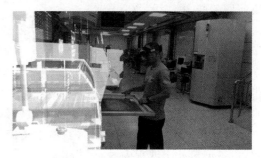

图 7-24　MR 视角下锡膏印刷机操作　　　　　图 7-25　MR 引导下更换钢网

2)贴片工艺认知

贴片机是 SMT 的核心设备,它决定了电子产品制造的效率和精度。由于贴片机结构复杂,在操作性、维护成本及实训等方面仍然存在诸多问题。以往贴片机教学过程中主要依赖视频、图纸、口述等方式展示内部加工过程,学生参与度不高,兴趣较低。通过为学生营造沉浸式学习体验,透视模拟内部的操作环境,不开启设备盖板就能使学生看到内部的动作细节。

在虚实融合的教学环境中模拟贴片机的各种操作场景、运转状态及工艺数据的呈现,如图 7-26 所示。学生可以在虚拟环境中进行模拟并实操,了解设备的维护过程,以提高应对突发情况的能力。结合物联网技术,MR 还可以提示贴片机面临的潜在故障,当设备出现异常时,MR 可以及时发出预警,提醒操作人员采取相应措施,避免设备损坏或生产中断。如图 7-27 所示,学生在 MR 引导下完成高速贴片机的供料器更换作业。这种课堂实训方式不仅安全、节省资源,还可以反复利用,增强一线教学的实训效果。

图 7-26　MR 视角下的高速贴片机

图 7-27　MR 引导下的供料器更换

3）回流炉工艺认知

回流炉是将贴装好元件的印制板通过轨道送入回流炉,锡膏在炉内经过高温热风形成的回流温度变化下逐渐熔融,液态状焊锡将贴片元件与印制板上的焊盘包覆,经冷却后形成牢固的连接,而这个工艺过程却难以直观地展示。因此在 MR 混合教学案例下,可以直观地通过粒子的方式模拟热对流的如下效果。

（1）焊接变化过程。如图 7-28 所示,从入口视角观察高温回流焊炉内部,印制板经传送带进入回流焊炉,此时粒子呈现蓝色,印制板经由预热区开始逐步升温,均匀受热有助于减少焊接时可能出现的热应力。随着印制板进入恒温区域,锡膏中的焊料开始融化,焊盘和 SMD 焊端被液态焊料包覆,焊盘和 SMD 的金属表面形成冶金结合。

（2）热循环效果。回流焊接过程焊炉内部的热空气循环和均匀的热流分布至关重要,确保焊接的均匀性和一致性。学生可以观察到粒子特效、模拟风机作用下的热对流冲击效果。如图 7-29 所示,学生正在观看冷却过后的印制板演示效果。

图 7-28　高温回流焊炉内部

图 7-29　学生视角下的场景

5. 教学小节

混合现实技术作为一种新兴的交互技术,结合了 VR 和 AR 的技术特性,不仅提供了沉浸式学习体验,而且显著提升了 SMT 生产线及智能制造场景下的教学效果。在智能制造场景下,强调信息化与工业化的深度融合,MR 作为实现这一目标的重要手段之一,为教学效果的提升提供了有力支持。从微观到宏观视角的切换,使师生可以在虚拟环境中模拟整个智能制造流程,包括生产计划、物流与仓储管理、设备预见性维护等环节。通过共享 MR 教学场景,大家可以获得相同的虚拟环境,实时操作并分享经验与心得,共同解决生产运行过程中遇到的实际问题。这种团队协作模式不仅可以提高教学质量,还可以增强学生之间的沟通和协作能力。

7.3.2　SMT 产线 U 盘制造

本实践内容通过 SMT 产线制作 U 盘的过程,使学生了解电子制造领域不同技术的协同应用,包括印制板设计、元件贴装、焊接、缺陷检测等,有助于培养跨学科的思维能力,深入认识现代电子生产的工艺流程。

1. U 盘 PCB 设计与锡膏印刷模板制作

U 盘印制板设计是将电路图转化为实际印制板的过程,印制板的设计是 SMT 贴装的基础。在 U 盘印制板设计阶段,需要考虑元件选型、元件布局、布线、过孔大小、焊盘尺寸和间距等因素。U 盘电路所需元件,如 USB 插座、控制芯片、闪存芯片、电容、电阻等,应选择适合 SMT 组装的尺寸和封装类型,表 7-1 所示为 U 盘 BOM 表。元件应布局合理,避免过密或过疏的排列,以确保焊接的可操作性和焊点的质量。焊盘的尺寸和间距应与元件引脚相匹配,还要考虑焊接的可靠性和导通性。

表 7-1　U 盘 BOM 表

规　　格	器件内容	封　装	序　　号	管　脚	数　量
330R	贴片电阻	0603	R2	2	1
0R	贴片电阻	0603	R23 R24 R11	2	3
3.3R	贴片电阻	0603	R5	2	1
1M	贴片电阻	0603	R1	2	1
360R	贴片电阻	0603	R3	2	1
100PF	贴片电容	0603	C5	2	1
2.2uF	贴片电容	0603	C2 C6	2	2
18PF	贴片电容	0603	C1 C3	2	2
1uF	贴片电容	0603	C9	2	1
4.7uF	贴片电容	0805	C8	2	1
LED	贴片二极管	0603	D1	2	1
AU6985/FC8508	贴片	QFP	U1	48	1
晶振	12M 插件	DIP	Y1	2	1
USB 接口	贴片	QFP	U3	4	1
K9GBG08U0A	贴片	TSOP	U2	48	1

此外,在印制板设计和 SMT 组装过程中,印制板上的 Mark 点起着至关重要的作用。这些 Mark 点充当了定位和对齐的参考点,确保元件能够准确地放置于正确的位置。印制板贴片的一面需要添加 Mark 点,如果为双面贴片,则两面都要添加。Mark 点加在 4 个角,位置需不对称,如果印制板空间小,可以只加 3 个,但至少要在对角加两个。由于 U 盘印制板尺寸小,需要采取拼板的设计以达到设备生产的最小尺寸要求,如图 7-30 所示。因此拼板也需要加 Mark 点,拼板加工工艺边情况下 Mark 点应加在工艺边的 4 个角,位置需不对称,用一个 Mark 点偏位防呆。如果拼板不加工艺边,则需在板内添加 Mark 点,当单片板内没有加时,需在连拼板内空白处添加至少 3 个 Mark 点。

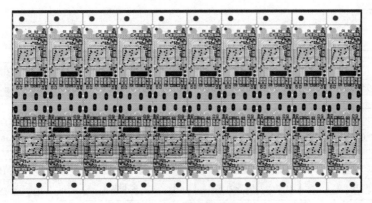

图 7-30　U 盘印制板拼板

印制板设计完成后需导出 Gerber 文件，Gerber 文件包含印制板设计的各图层的信息，如电路走线、焊盘、丝印、钻孔等。这些信息以一种标准化的格式存储，以便电路板制造厂商读取和制板。同时，Gerber 文件中的贴片层也用于钢网的加工制作，如图 7-31 所示。钢网是用于印刷 PCB 上焊膏的模板，其中的开口与 SMD 元件的焊盘位置相对应。钢网的质量和准确性对 SMT 的组装至关重要。制作好的 U 盘拼板印制板和钢网如图 7-32 所示。

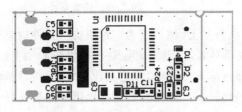

图 7-31　贴片层　　　　　　　　　　　图 7-32　拼板印制板和钢网

2. U 盘首件焊接

SMT 产线批量加工前需要进行首件焊接，首件焊接是用于验证 SMT 整个生产工艺的关键步骤。通过首件焊接可以确认设备程序、参数设置、元件摆放等工艺要求是否正确，根据焊接过程中发现的问题或焊接缺陷及时调整设备参数，以确保后续加工的稳定性和质量。首件加工前需要对 SMT 产线进行如下工艺准备。

1）锡膏印刷工艺

如图 7-33 所示，锡膏印刷机需要进行印刷速度、印刷压力、刮刀速度、回程速度、印刷厚度、印制板基础参数设置和印制板 Mark 点参数设定。

此外，还需要进行锡膏的回温处理。SMT 实验室采用的是铅锡合金的锡膏，锡膏从冰

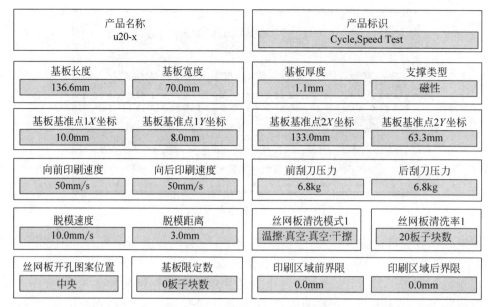

产品名称		产品标识	
u20-x		Cycle,Speed Test	

基板长度	基板宽度	基板厚度	支撑类型
136.6mm	70.0mm	1.1mm	磁性

基板基准点1X坐标	基板基准点1Y坐标	基板基准点2X坐标	基板基准点2Y坐标
10.0mm	8.0mm	133.0mm	63.3mm

向前印刷速度	向后印刷速度	前刮刀压力	后刮刀压力
50mm/s	50mm/s	6.8kg	6.8kg

脱模速度	脱模距离	丝网板清洗模式1	丝网板清洗率1
10.0mm/s	3.0mm	温擦·真空·真空·干擦	20板子块数

丝网板开孔图案位置	基板限定数	印刷区域前界限	印刷区域后界限
中央	0板子块数	0.0mm	0.0mm

图 7-33　印刷工艺参数设定

柜中取出后不能直接在锡膏印刷机上使用,必须在室温 25℃ 左右回温,锡膏温度达到与室温相同才可开瓶使用。如图 7-34 所示,锡膏使用前必须搅拌均匀,直到锡膏变成糊状,用刮刀挑起后能够自然地分段落下才可使用。使用时应将锡膏均匀地刮涂在刮刀前面的钢网上,并超钢网开口位置,保证刮刀运动时能将锡膏通过网板开口印到印制板的所有焊盘上。

图 7-34　锡膏搅拌

2) 贴片工艺

根据 BOM 表内容将 SMD 贴片元件安装在供料器上,供料器为贴片机提供元件以进行贴片。如图 7-35 所示,多功能贴片机多采用带式送料器,料带固定在贴片机供料的轴上,料带通过压带装置进入供料槽。上带与编带基体通过分离板分离,固定到收带轮上,编带基体上的同步孔装入同步轮齿,编带头直至贴片机供料器的外端。SMT 贴片机供料器装入料站后,贴片头按程序吸取元件并通过进给滚轮给手柄一个机械信号,使同步轮转一个角度,将下一个元件送至供料位置。图 7-36 所示的多功能贴片机采用盘式送料器,可以分为单层结构和多层结构,单层托盘式送料器直接安装在贴片机送料器架上,占用多个槽位,适用于托盘料不多的情况。多层托盘式送料器有多层自动传送托盘,占用空间小,结构紧凑,适用于托盘料比较多的情况,盘装元器件多为各种 IC 集成电路元件。

使用 SMT 贴片机之前,需要检查贴片机的气压和额定电压是否正常。启动伺服电机,使贴片机所有轴回到原点位置,确保机器运转的准确性。根据印制板的宽度,调整贴片机导轨的宽度,保证印制板在导轨上滑动自如,避免元器件掉落和损坏。拾片程序由人工编制并输入,根据贴片机的规格和元器件的位置,输入拾片程序表。在进行 SMT 贴片机自动贴装时,元器件的贴装坐标以印制板的某个顶角(一般为左下角或右下角)为原点计算。由于印

图 7-35　带式送料器

图 7-36　盘式送料器

制板加工时存在一定的加工误差,因此进行高精度贴装时必须对印制板进行基准校准。基准校准是通过在印制板上设计基准标志并利用贴片机的光学对中系统进行校准的。基准标志分为印制板基准标志和局部基准标志。在进行 SMT 贴片机贴装前,需要进行元件试贴,并根据检验结果进行程序调整或重做视觉图像。如果发现元器件的规格、方向或极性出现错误,应按照工艺文件进行程序修正。

3) 回流炉焊接工艺

在正式焊接前,最重要的是测试电路板在回流炉内的温度分布情况。具体做法是通过在 U 盘印制板上安装测温探头测量回流炉内焊接的真实温度,从而对回流炉的温度进行控制和调试,回流炉温度曲线如图 7-37 所示。预热区温度设定由常温升高至 150℃左右区域,在这个区域中温度缓升以利于锡膏中的部分溶剂及水汽及时挥发,避免影响后续的焊接品。贴在印制板上的电子元件也会缓慢升温,为适应后面的高温预热做准备。由于印制板表面的元件大小不一,焊盘连接铜箔面积不同,所以吸热速率也不相同。为避免元件内外或不同元件间出现温度不均匀的现象,造成元件变形等问题,预热区的升温速度通常控制在每秒 1.5~3℃。恒温区的设定温度为 130~160℃,恒温时间为 60~120s,主要使印制板上元件的温度趋于稳定,尽量减少温差。回流区使焊接组件的温度上升至峰值温度。回流焊接峰值温度视所用锡膏的不同而不同,一般建议在焊膏熔点温度基础上增加 20~40℃。峰值温度一般为 210~230℃,时间不宜过长,防止对印制板造成不良影响。回流区升温速率控制在 2.5~3℃/s,一般应在 25~30s 内达到峰值温度。焊接完成的 U 盘印制板如图 7-38 所示。

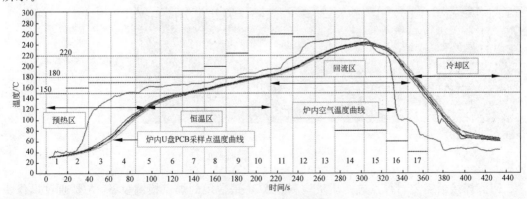

图 7-37　回流炉温度曲线

图 7-38　焊接完成的 U 盘印制板

3. SMT 在线检测

SPI(solder paste inspection)即锡膏检测仪,主要应用于 SMT 印刷工序之后。众所周知,SMT 贴片不良的 60% 的原因来自锡膏印刷工艺,所以需要严格把控印刷工艺质量,而 SPI 的主要作用是检查印刷后的印制板是否合格,通过光学原理,利用高分辨率的摄像头和图像处理技术,对锡膏的表面进行检测,从而获得锡膏的形状、尺寸、位置面积、体积、平整度等参数,以判断锡膏印刷是否偏移、高度偏差及架桥等不良,防止出现大批量印刷不良,影响焊接效果。检测画面如图 7-39 所示。

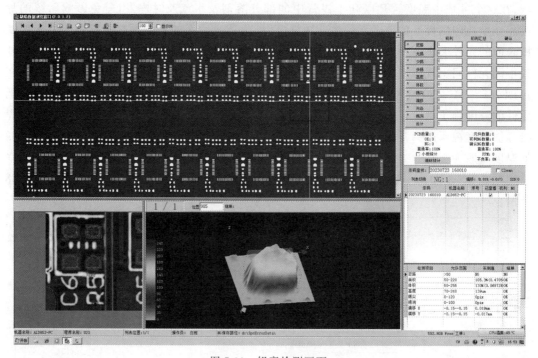

图 7-39　锡膏检测画面

回流焊接后需要对焊点进行质量检测。AOI 是常用的焊点检测设备,主要通过摄像头和图像处理技术检测印制板上元器件的贴装位置、焊点形状及贴装缺陷等问题。AOI 检测的主要内容包括元器件的多件、缺件、错件、立碑、侧立、偏立、反贴、换件、极反、IC 引脚弯曲、文字识别等，以及焊锡的多锡、少锡、无锡、虚焊、短路、锡球、浮起等问题，检测画面如图 7-40 所示。

图 7-40　AOI 检测画面

4. 手工焊接与外壳组装

U 盘的 Y1 元件晶振采用直插式封装，SMT 自动贴装完成后，需要学生通过手工焊接将晶振焊接在 U 盘印制板上，如图 7-41 所示。最后进行外壳的组装，完成 U 盘的加工制作，如图 7-42 所示。

图 7-41　晶振手工焊接

图 7-42　U 盘组装完成

5. 教学小结

通过 SMT 产线 U 盘制作实现了理论结合实践的教学目标。理论部分分为 SMT 基本原理、工艺流程和关键技术要点，包括锡膏印刷、元件贴装、回流焊接等环节的学习，学生对整个电子产品装联的生产过程有了清晰的认知。实践环节以 U 盘制作为载体，从印制板设计环节开始，到 SMT 全自动化产线整个工艺和检测环节的操控，基本再现了电子产品工业现场的制造过程。本实践教学环节将理论知识逐一转化为实践技能，强化学生对知识的掌握和应用能力，使其深刻体会理论与实践紧密结合的重要性，为今后在相关领域的发展打下良好的基础。

参考文献

[1] 黄培.智能制造实践[M].北京:清华大学出版社,2021.

[2] 王隆太.先进制造技术[M].3版.北京:机械工业出版社,2020.

[3] 郑力.智能制造技术前沿与探索应用[M].北京:清华大学出版社,2021.

[4] 李双寿,杨建新.金属工艺学实习教材[M].5版.北京:高等教育出版社,2023.

[5] 周济.智能制造导论[M].北京:高等教育出版社,2021.

[6] 刘小龙.我国铸造装备的创新、智能、绿色发展之路[J].中国铸造装备技术,2020(2):5-9.

[7] 刘旭东,乃晓文,马娅玲.铸造产品的智能制造软件平台[J].现代铸铁,2022(5):58-62.

[8] 吴剑.探讨铸造工厂物联网与智能传感技术的应用方案[J].铸造设备与工艺,2022(1):48-51.

[9] 李大勇.铸造生产过程在线快速检测技术研究及应用进展[J].铸造,2022(5):517-543.

[10] 刘小龙.智能铸造工厂与高质量发展[J].中国铸造装备与技术,2022(1):5-10.

[11] 于彦奇.3D打印技术的最新发展及在铸造中的应用[J].铸造设备与工艺,2014(2):1-4.

[12] 许中明,王鸿博,杨亘,等.应用石膏型快速精密铸造技术制造叶轮[J].制造技术与机床,2017(6):61-64.

[13] 张敏华.快速铸造技术的研究与发展[J].铸造技术,2009(2):292-294.

[14] 荆学东.机器人焊接、激光加工与喷涂工艺及设备[M].上海:上海科学技术出版社,2023.

[15] 周振宏.机器人智能焊接技术研究[J].中国金属通报,2022(3):243-245.

[16] 肖润泉,许燕玲,陈善本,等.焊接机器人关键技术及应用发展现状[J].金属加工(热加工),2020(10):24-31.

[17] 邹俊,周正华.智能制造与机器人焊接技术的集成与应用[J].电子技术与软件工程,2019(16):103-104.

[18] 胡木生.焊接工艺及技术[M].北京:中国水利水电出版社,2015.

[19] 刘伟.焊接机器人基本操作及应用[M].北京:电子工业出版社,2015.

[20] 孟博洋,李茂月,刘献礼,等.机床智能控制系统体系架构及关键技术研究进展[J].机械工程学报,2021(9):147-166.

[21] 史慧杰,王立平,王冬.基于微服务的制造执行系统架构研究[J].现代制造工程,2024(1):45-50.

[22] 刘献礼,刘强,岳彩旭,等.切削过程中的智能技术[J].机械工程学报,2018(16):45-61.

[23] 马健.数控技术在现代机械加工中的应用探究[J].内燃机与配件,2022(6):127-129.

[24] 葛卫京,左圆圆,宁艳亭,等.基于SurfMill与一种双转台五轴数控机床的整体叶轮的编程与加工[J].内燃机与配件,2023(22):87-89.

[25] 陈旺,吴灿,戴喆,等.数字科技与智能产品设计[M].北京:清华大学出版社,2024.

[26] 张小川,康进武,融亦鸣.增材制造中的支撑设计[J].热加工工艺,2018(12):1-7,12.

[27] 王岩,刘雨萌,刘江伟,等.金属增材制造数值模拟研究进展[J].粉末冶金技术,2022(2):179-192.

[28] 史玉升,伍宏志,闫春泽,等.4D打印——智能构件的增材制造技术[J].机械工程学报,2020(15):1-25.

[29] BAI Jiangbo,BU Guangyu. Progress in 4D printing technology[J]. Journal of Advanced Manufacturing Science and Technology,2022(1):2022001.

[30] 高灵宝,马永军.人工智能在3D打印领域的应用研究[J].铸造设备与工艺,2020(3):47-49.

[31] 赵志斌,王晨希,张兴武,等.激光粉末床熔融增材制造过程智能监控研究进展与挑战[J].机械工程学报,2023(19):253-276.

[32] 蒋周明矩,熊异,王柏村.面向工业5.0的人机协作增材制造[J].机械工程学报,2024(3):238-253.

[33] 王佐,杜平,朱丽君,等.基于Magics的镂空点阵结构设计案例研究[J].智能制造,2021(6):74-77,83.

［34］ 罗勇,杜平,朱丽君,等.基于 Inspire 软件的拓扑优化设计案例分析［J］.制造技术与机床,2021(11)：31-34.

［35］ 李培根,高亮.智能制造概述［M］.北京：清华大学出版社,2021.

［36］ 朱峰,李双寿,杨建新,等.工程训练以人为本的智能化转型升级［J］.高等工程教育研究,2024(1)：30-34.

［37］ 熊婧辉,王群,郭敏,等.基于 Equator 的智能在线检测实验教学平台开发［J］.佳木斯大学学报,2021(6)：33-35.

［38］ 肖刚,葛屦.基于深度学习的机器视觉在制造业质量检测中的应用研究［J］.产业转型研究,2021(12)：56-60.